素食养生药膳

江晓兴 编著

中医古籍出版社

Publishing House of Ancient Chinese Medical Books

图书在版编目（CIP）数据

素食养生药膳 / 江晓兴编著. —— 北京：中医古籍
出版社, 2023.6
ISBN 978-7-5152-2645-3

Ⅰ.①素… Ⅱ.①江… Ⅲ.①素菜－菜谱Ⅳ.
①TS972.123

中国国家版本馆CIP数据核字(2023)第073677号

素食养生药膳

江晓兴　　编　著

责任编辑　　吴　頔
封面设计　　王青宜
出版发行　　中医古籍出版社
社　　址　　北京市东城区东直门内南小街 16 号（100700）
电　　话　　010-64089446（总编室）010-64002949（发行部）
网　　址　　www.zhongyiguji.com.cn
印　　刷　　水印书香（唐山）印刷有限公司
开　　本　　710mm × 1000mm　1/16
印　　张　　15
字　　数　　140 千字
版　　次　　2023 年 6 月第 1 版　2023 年 6 月第 1 次印刷
书　　号　　ISBN 978-7-5152-2645-3
定　　价　　68.00 元

前 言

随着人们健康意识的日益增强，作为一种绿色的饮食习惯、环保的生态理念、符合时代潮流的生活方式，素食成为越来越多人的选择，并日趋成为时尚。现代医学研究也表明，食素有益于人的身心健康，尤其是有助于预防和控制诸多慢性疾病，如高血脂、高血压、糖尿病等，还可以预防和缓解便秘，提高机体免疫力，能在一定程度上降低患癌概率。素食者只要注意饮食的多样性，一定可以获得青春和健康。

本书共收录了我国植物性素食107种，其中，蔬菜、菌藻类55种，水果、干果类36种，五谷杂粮类16种。每种素食，均按"简介、营养成分、保健功效、良方妙方、推荐食谱"五项内容依次排列，条分缕析，井然有序。本书在编写过程中，力求精而不简，博而不杂，内容简明扼要，实用高效。每种食物都配以实物照片，食谱都配以详细的用量、制作步骤和高清的图片，使本书更加贴近实用，让读者一看就懂，易于参照学习。

鉴于作者水平有限，疏漏、谬误、欠妥之处在所难免，恳请读者提出宝贵意见，以便再版时修正。

编　者

目 录

根茎类

花果实类

野菜类

PART 2
菌藻的养生与保健

菌藻类

PART 3
水果的养生与保健

鲜果类

干果类

PART 4
五谷杂粮的养生与保健

五谷杂粮类

豆类

PART *1*

蔬菜的
养生与保健

一看就懂
挑选新鲜蔬菜的诀窍！

好的外观

购买之前，您应该先观察蔬菜的外观，选择没有压碎或起皱的新鲜、完整的绿色蔬菜。避免购买大块的，尤其是那种异常大的蔬菜，因为这些蔬菜可能会含促生长的化学成分。购买新鲜蔬菜时，请选择中等或小的更安全。

如何选择绿叶蔬菜

您应该注意不要选择太深、太绿的蔬菜，因为它们很可能已经喷洒了化学物质。应该选择绿色的多叶蔬菜，蔬菜植物一点都没有异常。

根据蔬菜的颜色

如果颜色异常，如蔬菜特别绿或者特别红，购买时需要谨慎。判断是否为新鲜的蔬菜，通常具有非常自然的颜色，并且不会枯萎。

观察蔬菜

观察蔬菜上是否使用化学药品，观察叶柄等处是否有异物。同时，观察蔬菜表面是否有斑点、奇怪的标记以及黏附物质。

闻蔬菜

尝试闻一下蔬菜的气味。如果有异味，则很可能是被大量化学药品喷洒过的蔬菜。

触摸

如果您想要购买美味的蔬菜，最简单的方法就是用手掂量一下。如果您感觉蔬菜很沉实，证明很新鲜，应该购买。

叶菜及芽菜类

白菜

白菜是一种原产于中国的蔬菜，又称大白菜、结球白菜，为十字花科芸薹属二年生草本植物。其味道鲜美，营养丰富，素有"百菜之王"的美称，用于做菜肴、煮汤、做馅、腌酸菜等。

保健功效

白菜含有丰富的粗纤维，能润肠、刺激肠胃蠕动、促进大便排泄、帮助消化，对预防肠癌有良好作用。白菜中含有丰富的水分，可以起到护肤养颜的效果。

中医学认为

味甘，性平，归肠、胃经。

解热除烦　生津止渴
清肺消痰　利肠通便

适于肺热咳嗽，便秘，丹毒，消渴。

营养成分表（每100克含量）

热量（千卡）	17	钠（毫克）	57.5
蛋白质（克）	1.5	维生素C（毫克）	31
磷（毫克）	31	胡萝卜素（微克）	120

🫖 良方妙方

伤风感冒

白菜根100克，葱白、生姜各50克。水煎服，每日3次。

咳嗽

白菜、白萝卜各100克，甜杏仁30克（去皮尖）。煮熟后吃菜喝汤，每日2次。

牛奶白菜汤

主 料

白菜……20克
牛奶……100毫升
盐……适量

做 法

1 白菜用清水冲洗干净后，再剁碎。

2 锅内加水烧开后，放入碎白菜，小火煮片刻。

3 捞出碎白菜，将白菜水凉至常温后，放入牛奶，盐调匀即可。

小白菜

小白菜俗称青菜，又称油菜、油白菜等，为十字花科芸薹属一年或二年生草本植物。原产于中国，性喜温凉，几乎一年四季都可种植、上市，用于做菜肴、煮汤、做菜馅等。

保健功效

小白菜是一种纤维素含量很高的碱性食物，有助于碱化尿液，促进尿酸排出；其热量很低，糖尿病患者食用后不会引起血糖的大波动，而且其含有丰富的维生素C，有促进胆固醇排泄、清除血管粥样斑块的作用，是防治心脑血管病的良蔬。

中医学认为

味甘，性平，归肺、胃、大肠经。

消食润肠　生津止渴

化痰止嗽

适于脾胃不和，食积，便秘，小便不利，消渴。

营养成分表（每100克含量）

热量（千卡）	15	钙（毫克）	90
蛋白质（克）	1.5	钾（毫克）	178
磷（毫克）	36	钠（毫克）	73.5
钠（毫克）	73.5	磷（毫克）	36
镁（毫克）	18	维生素C（毫克）	28
铁（毫克）	1.9	胡萝卜素（微克）	1680

良方妙方

便秘

小白菜30克，紫菜10克。水煎服。

胃、十二指肠溃疡、出血

小白菜250克，洗净，剁碎，食盐少许腌10分钟，用洁净纱布绞取汁液，加适量白糖。每日3次，空腹饮用。

小白菜汁

主 料

小白菜……250克

做 法

1 将小白菜择好、洗净，置沸水中
  煮3~5分钟。

2 放入榨汁机中加纯净水榨汁，过
  滤后即可饮用。

小白菜小米粥

主 料

小白菜……50克
小米……50克

做 法

1 小白菜洗净，入沸水中焯烫，捞
  出，切成末；小米洗净。

2 锅置火上，加水、小米煮成粥，
  粥成时加入小白菜末即可。

娃娃菜

娃娃菜又称微型白菜，属于十字花科芸薹属一年或二年生草本植物。为半耐寒性蔬菜，有肥大的肉质直根和发达的侧根，菜帮薄、甜、嫩，味道鲜美，用于做菜肴，特别适合煮汤。

保健功效

娃娃菜富含异硫氰酸盐，这种硫化物有着抗肿瘤活性的作用；钙的含量较高，几乎等于白菜含量的 2 ~ 3 倍，是防治维生素 D 缺乏（佝偻病）的理想蔬菜；含有丰富的纤维素及微量元素，也有助于预防结肠癌。

营养成分表（每100克含量）

膳食纤维（克）	0.8	钾（毫克）	369
蛋白质（克）	2.5	磷（毫克）	51
碳水化合物（克）	3.2	钠（毫克）	57.5
钙（毫克）	50	硒（微克）	0.49
镁（毫克）	11	维生素 B_2（毫克）	0.05
铁（毫克）	0.7	维生素 C（毫克）	31
锌（毫克）	0.38	维生素 E（毫克）	0.76

中医学认为

味甘，性平，归肠、胃经。

清热解毒　除烦止渴

适于感冒头痛，口腔溃疡，泌尿系统感染，消化不良，便秘。

🍲 良方妙方

感冒

娃娃菜根 1 块，红糖 50 克，生姜 3 片。水煎服。

便秘

娃娃菜 300 克洗净，加油、盐炒食。

板栗扒娃娃菜

主　料

娃娃菜……350克
板栗……100克
奶汤……200毫升
盐……5克
鸡精……3克
鸡油……10毫升
水淀粉……25毫升

做　法

1 将娃娃菜去掉老叶留嫩心，底部打十字刀焯水至熟后撕开，码放盘中。

2 板栗加少许清水，加白糖蒸软，去汤码放在娃娃菜上。

3 锅内放入奶汤，加盐、鸡精、鸡油调好，大火烧开后，用水淀粉勾芡淋上即可。

菠菜

菠菜又称波斯菜、赤根菜、鹦鹉菜等，为藜科菠菜属一二年生草本植物。原产伊朗，在中国普遍栽培，为极常见的蔬菜之一，用于做菜肴、煮汤等。

保健功效

菠菜中含有丰富的胡萝卜素、维生素C、维生素E等有益成分，能供给人体多种营养物质；所含的钙、磷、铁等微量元素，能促进人体新陈代谢，增强身体免疫功能；含有大量的植物粗纤维，具有促进肠道蠕动的作用，利于排便，且能促进胰腺分泌，帮助消化。

中医学认为

味甘，性凉，归肠、胃经。

清热解毒　疏利肠胃

止渴润燥

能增强人体免疫力，抗老防衰。

营养成分表（每100克含量）

热量（千卡）	24	钾（毫克）	311
膳食纤维（克）	1.7	磷（毫克）	47
蛋白质（克）	2.6	钠（毫克）	85.2
碳水化合物（克）	4.5	硒（微克）	0.97
钙（毫克）	66	维生素B$_2$（毫克）	0.11
镁（毫克）	58	维生素C（毫克）	32
铁（毫克）	2.9	维生素E（毫克）	1.74
锌（毫克）	0.85	胡萝卜素（微克）	2920

良方妙方

习惯性便秘

鲜菠菜250克。开水煮几分钟捞出，用香油拌食。

夜盲症

菠菜250克，猪肝200克，炒熟拌食。

怪味菠菜沙拉

主 料

菠菜……200克

花椒、芝麻酱、盐……各适量

醋、酱油、香油……各适量

做 法

1 菠菜洗净，用沸水焯过后切段；芝麻酱中加酱油、醋、适量温开水调匀。

2 锅置火上，烧热后放入花椒炒熟，倒出研成碎末。

3 在菠菜里放芝麻酱、花椒末、盐，再淋上香油搅拌均匀即可。

菠菜莲子汤

主 料	
菠菜……100克	枸杞子……10克
莲子……50克	盐……2克
青豆……20克	白糖……适量
	蜂蜜、鸡精……各适量

做 法

1 菠菜洗净，焯水后切段；莲子用水泡透蒸至回软；青豆、枸杞子分别洗净。

2 锅置火上，倒入适量水烧开，放入青豆、枸杞子、莲子煮5分钟，再加入菠菜、调料煮开即可。

油菜

油菜又称苔菜、油菜心，为十字花科芸薹属生草本植物。在中国普遍种植。它质地脆嫩，略带甜味且营养丰富。用于做菜肴、煮汤等，种子可榨油。

保健功效

油菜为低热量蔬菜，且含有膳食纤维，膳食纤维能与胆酸盐和食物中的胆固醇及甘油三酯结合，并将其从粪便排出，从而减少脂类的吸收，故可用来降血脂。油菜中所含的植物激素，能够增加酶的形成，对进入人体内的致癌物质有吸附作用，故有防癌功效。油菜能增强肝脏的排毒能力，对皮肤疮疖、乳痈有治疗作用。油菜含有大量胡萝卜素和维生素C，有助于增强人体免疫能力。

营养成分表（每100克含量）

成分	含量	成分	含量
热量（千卡）	23	锌（毫克）	0.33
膳食纤维（克）	1.1	钾（毫克）	210
蛋白质（克）	1.8	磷（毫克）	39
钙（毫克）	108	钠（毫克）	55.8
镁（毫克）	2	硒（毫克）	0.79
铁（毫克）	1.2	胡萝卜素（微克）	620
维生素C（毫克）	36		

中医学认为

味辛，性凉，归肝、脾经。

散血消肿　清热解毒

适于痈肿丹毒，劳伤吐血，热疮，产后心、腹诸疾及恶露不下。

良方妙方

丹毒

油菜叶不拘多少。捣烂涂患处，每日2～3次。

肠出血

油菜根500克，蜂蜜120克，将根煮熟拌蜜食之。

玉米拌油菜

主 料

油菜……200克

玉米粒……30克

香油、盐……各适量

做 法

1 将油菜与玉米粒用水洗干净后，放入滚水中煮熟。

2 将油菜和玉米粒捞出，沥干水分，拌入香油和盐即可。

芥菜

芥菜又称大芥、雪里蕻，为十字花科芸薹属一年生草本植物。中国各地均有栽培。用于腌咸菜、做菜肴、煮汤、晒干菜等。

保健功效

芥菜含有大量的抗坏血酸，是活性很强的还原物质，参与机体重要的氧化还原过程，能增加大脑中氧含量，激发大脑对氧的利用，有提神醒脑，解除疲劳的作用。芥菜中含有大量的膳食纤维，被人体摄入后，会吸水膨胀呈胶状，延缓食物中的葡萄糖的吸收，降低人体对胰岛素的需求量，从而起到降低餐后血糖的作用。

中医学认为

味辛，性温，归肺、胃经。

宣肺豁痰　温中利气

适于寒饮内盛，咳嗽痰滞，胸膈满闷。

营养成分表（每100克含量）

热量（大卡）	24	钠（毫克）	30.5
胡萝卜素（微克）	310	镁（毫克）	24
钾（毫克）	281	碳水化合物（克）	4.7
钙（毫克）	230	铁（毫克）	3.2
维生素A（微克）	52	蛋白质（克）	2
磷（毫克）	47	膳食纤维（克）	1.6
维生素C（毫克）	31	维生素E（毫克）	0.74

良方妙方

风寒束表

芥菜与番薯同煮食。

小便不通

鲜芥菜水煎代茶饮。

滑子菇芥菜汤

主 料

芥菜……100克

滑子菇……150克

葱花、盐……各5克

味精……少许

做 法

1 滑子菇去蒂，洗净，焯水；芥菜洗净，取茎，切片。

2 锅置火上，倒油烧热，放入葱花炒香，加入滑子菇、芥菜片翻炒片刻，倒入适量水煮5分钟，加盐、味精调味即可。

甘蓝

甘蓝又称结球甘蓝、洋白菜、圆白菜，为十字花科芸薹属一年生或两年生草本植物。中国各地栽培。甘蓝色泽洁白，味甘脆嫩，是人们喜爱的蔬菜之一，用于做菜肴、煮汤、做馅等。

保健功效

甘蓝富含胡萝卜素和多种维生素，有良好的抗氧化功效，能够清除沉积于血管壁上的脂肪，疏通血管，防止血管阻塞，减少血液流动的阻力；含有丰富的钙、磷、锰可以促进人体的物质代谢，有助于身体生长发育；含有维生素E，有助于延缓衰老。

中医学认为

味甘，性平，归脾、胃经。

有补骨髓、利关节、壮筋骨、利脏器和清热止痛等功效。

营养成分表（每100克含量）

蛋白质（克）	1.7	烟酸（毫克）	1.0
碳水化合物（克）	3.1	维生素C（毫克）	0.102
钙（毫克）	0.205	胡萝卜素（微克）	4.55
铁（毫克）	2.2	维生素E（毫克）	0.5
磷（毫克）	29	膳食纤维（克）	0.7
锰（毫克）	0.18		

良方妙方

预防癌症

甘蓝煮熟食之。

缺铁性贫血

新鲜甘蓝，油盐适量，炒熟食之。

圆白菜煨面

主料

圆白菜……100克

火腿……50克

面条……200克

盐、葱、姜、植物油……各适量

做法

1 圆白菜洗净，切丝；葱、姜分别洗净，切末；火腿切小块。

2 锅置火上，放入适量清水，下面条，煮熟后，捞出沥干水分。

3 另取一锅置火上，放油烧热，爆香葱末、姜末，放入圆白菜丝煸炒，加入适量水，放火腿块、盐、煮好的面条稍煮即可。

芥蓝

芥蓝又称甘蓝菜、盖蓝菜，为十字花科芸薹属一年生草本植物。以广东、福建等省栽培较多，产于秋末至春季。芥蓝气味清香、质地柔嫩、味道鲜美，是叶菜类中含维生素较多的青菜，用于做菜肴、火锅的配料等。

保健功效

芥蓝中含有的有机碱，能刺激人的味觉神经，增进食欲，还可加快胃肠蠕动，有助消化；含有独特的苦味成分奎宁，能抑制过度兴奋的体温中枢，起到消暑解热的作用；还含有大量膳食纤维，能防止便秘。

营养成分表（每100克含量）

热量（千卡）	19	锌（毫克）	1.3
膳食纤维（克）	1.6	钾（毫克）	104
蛋白质（克）	2.8	磷（毫克）	50
碳水化合物（克）	2.6	钠（毫克）	50.5
钙（毫克）	128	硒（微克）	0.88
镁（毫克）	18	维生素C（毫克）	76
铁（毫克）	2.0	胡萝卜素（微克）	3450

中医学认为

味甘、辛，性凉，归肝、胃经。

利水化痰　解毒祛风
除邪热　清心明目

适于风热感冒，咽喉痛，气喘。

🫖 良方妙方

散积痰

芥蓝茎叶，用芝麻油煮，如常煮菜法食之，并饮其汁。

玉米笋炒芥蓝

主　料

芥蓝……500克

玉米笋……150克

蒜、料酒……各适量

盐、植物油……各适量

做　法

1　芥蓝洗净，切段；玉米笋洗净，切斜段；蒜去皮，洗净，切末备用。

2　芥蓝段和玉米笋段一起放入沸水中焯烫，捞出沥干。

3　锅中倒油烧热，爆香蒜末，放入芥蓝及玉米笋炒熟，最后加料酒、盐调味即可。

芹菜

芹菜有水芹、旱芹、西芹，三种，旱芹又称"药芹"，为伞形科一年生或二年生草本植物。中国南北各省区均有栽培。用于做菜肴、榨芹菜汁等。

保健功效

芹菜中的芦丁、芹菜素、钾等可降低毛细血管的通透性，增加血管弹性，具有降血压的功效，对于原发性、妊娠期及更年期高血压均有好处；芹菜中的亚油酸可降血脂，预防动脉硬化；芹菜中所含的芹菜碱和甘露醇等活性成分，有降低血糖的作用；芹菜基本上不含嘌呤，且其含碱性成分有利于尿酸排出，防治痛风。

中医学认为

味甘、微苦，性凉，归肝、胃经。

平肝凉血　清热利湿

适于早期高血压，高脂血症，支气管炎，肺结核，咳嗽。

营养成分表（每100克含量）

成分	含量	成分	含量
热量（千卡）	14	钾（毫克）	154
膳食纤维（克）	1.4	磷（毫克）	50
钙（毫克）	48	钠（毫克）	73.8
镁（毫克）	10	维生素C（毫克）	12
铁（毫克）	0.8	维生素E（毫克）	2.21
锌（毫克）	0.46	胡萝卜素（微克）	60

🍲 良方妙方

冠心病

芹菜350克，刺菜100克，黄酱6克。加水适量煮汤调味服食，每日1次。

糖尿病

芹菜500克，绞取汁，煮沸后调白糖服。

西芹炒豆芽

主料

西芹……1根

绿豆芽……50克

葡萄干……适量

姜、盐……各适量

高汤、植物油……各适量

做法

1 西芹择洗干净，切段；姜去皮，洗净，切碎，葡萄干泡水约20分钟，绿豆芽洗净备用。

2 锅内倒油烧热，炝香姜末，再放入西芹、高汤略煮，然后加入绿豆芽、葡萄干，煮约5分钟后，加盐调味，快速收干汤汁即可。

空心菜

空心菜又称蕹菜，为旋花科一年生或多年生草本植物。主要分布在长江以南地区，产于春末至秋末。空心菜生命力强，可反复采摘嫩茎叶，用于做菜肴、煮汤、做泡菜等。

保健功效

空心菜中的大量纤维素、木质素和果胶，可增进肠道蠕动，加速排便，对于防治便秘及减少肠道癌变有积极的作用；含有丰富的维生素C和胡萝卜素，有助于增强体质，防病抗病，所含的叶绿素有"绿色精灵"之称，可洁齿防龋除口臭，健美皮肤，堪称美容佳品。紫色茎的空心菜能降低血糖，可作为糖尿病患者的食疗佳蔬。

中医学认为

味甘，性平，归肝、心、大肠、小肠经。

清热解毒　凉血利尿

适于尿血，便血，鼻衄，小便涩痛。

营养成分表（每100克含量）

营养成分	含量	营养成分	含量
热量（千卡）	20	铁（毫克）	2.3
膳食纤维（克）	1.4	钾（毫克）	243
蛋白质（克）	2.2	磷（毫克）	38
碳水化合物（克）	3.6	钠（毫克）	94.3
钙（毫克）	99	维生素C（毫克）	25
镁（毫克）	29	胡萝卜素（微克）	1520

良方妙方

便血

鲜空心菜洗净捣取汁，和蜂蜜适量，服之。

鼻衄

空心菜数根，和糖捣烂，冲入沸水，服之。

凉拌空心菜

主 料

空心菜……300克
大蒜、香油……各适量
白砂糖、盐……各适量

做 法

1 空心菜洗净，切成段；蒜去皮，切成末。

2 水烧开，放入空心菜，滚三滚后过凉水，捞出沥干。

3 容器中放入空心菜、蒜末、白糖、盐、香油拌匀即可。

生菜

生菜又称叶用莴笋、鹅仔菜、唛仔菜，为菊科莴苣属一年生或二年生草本作物。在中国广为种植。品种有结球生菜和皱叶生菜等，用于生食、炒食、做西餐和火锅的配料等。

保健功效

生菜中含有膳食纤维和维生素C，并且热量低，故又称减肥生菜；因其茎叶中含有莴苣素，故味微苦，具有镇痛催眠、降低胆固醇、辅助治疗神经衰弱等功效；生菜中还含有甘露醇等有效成分，有利尿和促进血液循环的作用。

中医学认为

味微苦、甘，性凉，归胃、膀胱经。

清热解毒　养胃生津

适于烦热口渴，高血压，高血脂，糖尿病，胃炎，神经衰弱，失眠。

营养成分表（每100克含量）

热量（千卡）	13	钾（毫克）	170
蛋白质（克）	1.3	磷（毫克）	27
碳水化合物（克）	2	钠（毫克）	32.8
钙（毫克）	34	维生素C（毫克）	13
镁（毫克）	18	胡萝卜素（微克）	1790
铁（毫克）	0.9	膳食纤维（克）	0.7
锌（毫克）	0.27		

 ## 良方妙方

肥胖症

净青鱼肉75克，生菜25克，蛋清、精盐、米酒、味精、淀粉、鲜汤各适量，做汤食用。

返酸

生菜嚼数片。

蚝油生菜

主 料

生菜……300克
植物油、蚝油、料酒……各适量
盐、糖、味精、酱油……各适量
香油、高汤、蒜、淀粉……各适量

做 法

1 把生菜洗净，稍焯水后沥干水分
倒入盘里。

2 锅置火上，放油烧热加蒜略炒，
加蚝油、料酒、盐、糖、味精、
酱油、高汤，沸后勾芡，淋香
油，浇在生菜上即可。

生菜苹果汁

主 料

生菜……50克
苹果……1个
白糖……适量

做 法

1 生菜洗净，切成块；苹果洗净，
去皮，切成细条。

2 将生菜块、苹果条加入白糖、半
杯矿泉水一起放入榨汁机中打
匀，过滤出汁液来即可。

茴香

茴香又称香丝菜、小茴香，为伞形科茴香属一年生草本植物。在中国普遍种植。茎部及嫩叶可作菜蔬，可凉拌、炒菜、做汤、腌渍，也可制成馅包饺子或包子等。

保健功效

茴香所含的茴香油，能刺激胃肠神经血管，促进消化液分泌，增加胃肠蠕动，有助于缓解痉挛、减轻疼痛；所含的茴香脑能促进骨髓细胞成熟并释放外周血液，有明显的升高白细胞的作用，可用于白细胞减少症。

中医学认为

味辛，性温，归肝、肾、脾、胃经。

行气止痛　健胃散寒

适于寒疝腹痛，睾丸偏坠，妇女痛经，少腹冷痛，脘腹胀痛。

营养成分表（每100克含量）

成分	含量	成分	含量
热量（千卡）	31.00	镁（毫克）	38.00
碳水化合物（克）	5.90	钙（毫克）	178.00
蛋白质（克）	2.80	铁（毫克）	2.90
维生素A（微克）	248.00	钾（毫克）	340.00
维生素C（毫克）	30.00	磷（毫克）	63.00
胡萝卜素（微克）	1490.00	钠（毫克）	42.30

良方妙方

输尿管结石

茴香籽适量。水煎服，每天1次。

胃痛

茴香10克，洗净后煎煮，取汁液加红糖服用。

茴香炒鸡蛋

主料

茴香……150克　　胡萝卜……20克

鸡蛋……3个　　花生油……适量

　　　　　　　盐……5克

做法

1 将茴香洗净切成段，鸡蛋打散，胡萝卜洗净切成片。

2 锅置火上，加花生油烧热，下入打散的鸡蛋，用小火炒至蛋五成熟。

3 然后加入茴香段、胡萝卜片，调入盐，再用小火炒熟即可。

鸡蛋茴香水饺

主料

茴香……150克

鸡蛋、饺子皮……各适量

食用油、香油、葱末……各适量

姜末、盐、酱油……各适量

做法

1 把鸡蛋磕入碗中用筷子打碎，用小火摊开，再剁碎。

2 茴香洗净，沥去水，剁碎，加入盐、葱末、姜末、酱油、香油、鸡蛋碎拌匀。

3 取饺子皮，包好馅，做成饺子生坯。

4 锅置火上，加适量清水，煮沸后下入饺子，用中火煮沸加少许凉水，重复3次，再次煮沸时，捞出即可。

韭菜

韭菜又称草钟乳、起阳草、壮阳草等，为百合科多年生草本植物。在中国栽培历史悠久，分布广泛。用于做菜馅、炒食、做凉菜、调味品等。

保健功效

韭菜含有挥发性精油及硫化物等特殊成分，散发出一种独特的辛香气味，有助于疏调肝气，增进食欲，增强消化功能；韭菜富含的粗纤维能增进胃肠蠕动，治疗便秘，预防肠癌。

中医学认为

味辛、甘，性温，归肝、胃、肾经。

散瘀止痛　补肾益阳

调和脏腑　理气降逆

韭菜籽更为壮阳的最佳选择。

营养成分表（每100克含量）

热量（千卡）	26	钾（毫克）	247
膳食纤维（克）	1.4	磷（毫克）	38
蛋白质（克）	2.4	钠（毫克）	8.1
碳水化合物（克）	4.6	硒（微克）	1.38
钙（毫克）	42	维生素C（毫克）	24
镁（毫克）	25	维生素E（毫克）	0.96
铁（毫克）	1.6	胡萝卜素（微克）	1410

 良方妙方

中暑

韭菜捣汁1杯，灌服。

阳痿

韭菜籽研末，每日早晚各15克，开水送服。

香酥韭菜盒

主 料

中筋面粉……500克
韭菜……250克
粉丝……1把
盐、香油……各适量

做 法

1 将中筋面粉放盆内，加入开水2/3杯、冷水1/3杯，并加入少许盐，揉成面团，盖上湿布放置20分钟。

2 韭菜洗净、切碎，粉丝泡软、切碎，两者混合后，加少许盐和香油调味，做成馅。

3 将面团分小块，每块包入适量韭菜馅，捏成包子状，再按扁，放入平底锅，用少量油煎至两面金黄即可盛出食用。

黄豆芽

黄豆芽又称如意菜、豆芽菜，为豆科植物黄豆经水泡后发制的芽菜，是引领当今世界"天然""健康"食物风潮的蔬菜之一，用于炒食、做汤、拌凉菜等。

保健功效

黄豆芽中所含的维生素 E 能保护皮肤和毛细血管，防止动脉硬化，防治老年高血压；另外因为黄豆芽含维生素 C，是美容食品。常吃黄豆芽能营养毛发，使头发保持乌黑光亮，对面部雀斑有较好的淡化效果；吃黄豆芽对青少年生长发育、预防贫血等大有好处。

中医学认为

味甘，性凉，归脾、大肠经。

清热利湿　消肿除痹

祛黑痣　治疣赘

适于脾胃湿热，大便秘结，贫血，高血压。

营养成分表（每100克含量）

成分	含量	成分	含量
热量（大卡）	44	钾（毫克）	160
碳水化合物（克）	4.5	磷（毫克）	74
脂肪（克）	1.6	钠（毫克）	7.2
蛋白质（克）	4.5	硒（微克）	0.96
镁（毫克）	21	胡萝卜素（微克）	30
钙（毫克）	21	维生素 C（毫克）	15
铁（毫克）	0.9	维生素 E（毫克）	0.2

🍲 良方妙方

失血性贫血

黄豆芽 250 克，大枣 15 克，猪骨 250 克，加水适量久煎，加盐调味。每日 3 次，食豆芽、饮汤。

寻常疣

黄豆芽适量，水煮至熟即成，吃豆喝汤，连服 3 日。

口蘑黄豆芽汤

主料

口蘑、猪肉……各50克
黄豆芽……100克
油菜……1棵
食用油、酱油……各适量
醋、盐……各适量
白糖、香油……各适量
水淀粉、姜……各适量
高汤、料酒……各适量

做法

1. 黄豆芽洗净，择去根部，沥干水分；口蘑洗净，切片；姜洗净，切成细丝；猪肉洗净，切成丝，油菜择洗干净。

2. 锅置火上，放入适量食用油烧热后，爆香姜丝，下入猪肉丝；用中火炒，肉变白色时放入黄豆芽、口蘑片、油菜翻炒片刻。

3. 加高汤、酱油、料酒，以大火煮沸，转小火煮沸2分钟，待黄豆芽梗呈透明状时，加入醋、白糖和盐调味，用水淀粉勾芡，淋入香油即可。

绿豆芽

绿豆芽又称银芽菜、银条菜，为豆科植物绿豆的种子浸淹后发出的嫩芽。绿豆芽营养丰富，是素食主义者所推崇的食品之一，用于炒食、拌凉菜等。

保健功效

绿豆芽中含有维生素 C，可以防治维生素 C 缺乏病；所含有的维生素 B_2，可预防口腔溃疡；富含膳食纤维，是便秘患者的健康蔬菜，有预防消化道癌症（食道癌、胃癌、直肠癌）的功效。

营养成分表（每 100 克含量）

热量（大卡）	18	磷（毫克）	37
碳水化合物（克）	2.9	钠（毫克）	4.4
蛋白质（克）	2.1	硒（微克）	0.5
膳食纤维（毫克）	0.8	烟酸（毫克）	0.5
镁（毫克）	18	维生素 C（毫克）	6
钙（毫克）	9	胡萝卜素（微克）	20
铁（毫克）	0.6	维生素 B_2（毫克）	0.06
钾（毫克）	68		

中医学认为

味甘，性凉，归心、胃经。

清热消暑　解毒利尿

适于暑热烦渴，酒毒，小便不利，目翳。

良方妙方

暑热烦渴

取适量绿豆芽和冬瓜皮，加醋煮汤饮用。

支气管炎

绿豆芽 100 克，猪心 1 只，陈皮 20 克，盐少许，加水炖熟，食肉饮汤。

绿豆芽拌面

主 料

面条、绿豆芽……各100克

黄瓜……适量

葱、香油、盐……各适量

做 法

1 将黄瓜和葱分别洗净，切丝；绿豆芽洗净后，用沸水焯熟，沥干水分。

2 锅置火上，加入适量清水，大火煮沸后，下入面条转中火煮5分钟至熟后，捞出沥水。

3 面条加入香油、盐、绿豆芽、黄瓜丝和葱丝，拌匀即可。

根茎类

白萝卜

白萝卜又称萝卜、菜菔，为十字花科萝卜属一年生或二年生草本植物。在中国普遍种植。用于生食、做菜肴、煮汤、做馅、做泡菜、腌咸菜等。

保健功效

白萝卜含丰富的维生素 C 和钾，有助于增强人体的免疫功能；所含的芥子油能促进胃肠蠕动，增进食欲，帮助消化；所含的多种酶，能分解致癌的亚硝胺，具有防癌作用。白萝卜还可以降低胆固醇，防止胆结石形成。

营养成分表（每100克含量）

热量（千卡）	21	磷（毫克）	26
碳水化合物（克）	5	钠（毫克）	61.8
钙（毫克）	36	胡萝卜素（微克）	20
镁（毫克）	16	维生素C（毫克）	21
钾（毫克）	173		

中医学认为

味甘、辛，性平，归肺、脾经。

解毒生津　利尿通便

适于肺痿，肺热，便秘，吐血，胀气，食滞，消化不良。

良方妙方

反胃吐食

白萝卜捣碎，蜜煎，细细嚼咽。

鼻衄

白萝卜汁和米酒，饮之。

酱腌开洋脆萝卜

主料

新鲜白萝卜……1000克

橙子……半个

陈醋、苹果醋、生抽……各100克

盐、老抽……各10克

蜂蜜……6克

白糖……50克

做法

1 将白萝卜洗净沥干水分去皮切成四五连刀的薄片，放入盆内，加盐搅拌均匀，腌制30分钟，将萝卜捞出，挤干水分，再用清水洗一遍，沥干水分；橙子切片。

2 盆洗净擦干，倒入萝卜片加陈醋、苹果醋、生抽、老抽、糖、蜂蜜、橙子片抓匀，酱制2天左右即可。

卞萝卜

卞萝卜又称红皮萝卜、红袍萝卜，为十字花科萝卜属一年生或二年生草本植物。在中国普遍种植。卞萝卜主要用于制作馅、炒食、煮汤等。

保健功效

卞萝卜为低热量食物，适合"三高"人群食用。所含的淀粉酶，可分解食物中的淀粉和脂肪，帮助消化；所含的膳食纤维，可促进胃肠蠕动、润肠通便。

中医学认为

味甘、辛，性平、微温，归肺。

清热解毒　利湿散瘀
健胃消食　化痰止咳

适于消化不良，夜盲症，高血压，高血脂。

营养成分表（每100克含量）

成分	含量	成分	含量
热量（千卡）	26	磷（毫克）	38
膳食纤维（克）	1.4	钠（毫克）	8.1
蛋白质（克）	2.4	硒（微克）	1.38
碳水化合物（克）	4.6	维生素 B_1（毫克）	0.02
钙（毫克）	42	维生素 B_2（毫克）	0.09
镁（毫克）	25	维生素 C（毫克）	24
铁（毫克）	1.6	维生素 E（毫克）	0.96
钾（毫克）	247	胡萝卜素（微克）	1410

良方妙方

跌打损伤

卞萝卜100克，捣汁。每日3次用汁水涂患处。

鼻炎

用生卞萝卜汁过滤液滴鼻，并同时以生卞萝卜汁半盏，兑黄酒少许，温服。

萝卜丝汤

主 料

卞萝卜……100克

白面粉……15克

高汤……300克

食用油、虾米……各适量

香菜、姜末、胡椒粉……各适量

味精、精盐、料酒……各适量

做 法

1 将卞萝卜去皮切成细丝，过开水略余捞出备用；虾米开水泡软；香菜洗净切碎。

2 锅上火加入食用油，烧至五成热时，投入面粉略炒，随后加高汤300克，再加萝卜丝、虾米、姜末投入锅内，再加入胡椒粉、精盐、味精、料酒，烧开后撒入香菜末，倒入碗中即可。

马铃薯

马铃薯又称土豆、山药蛋、洋芋，为茄科多年生草本植物。全国各地均有栽培，全年都有供应。马铃薯营养齐全，而且易为人体消化吸收，用于做菜肴、炸薯片，制作淀粉、粉条、酒精等。

保健功效

马铃薯含有大量淀粉以及蛋白质、维生素C和钾等，能促进脾胃的消化功能；土豆含有大量膳食纤维，能宽肠通便，帮助人体及时代谢毒素，防止便秘，预防肠道疾病的发生。马铃薯是一种碱性食品，有利于体内酸碱平衡，中和体内代谢后产生的酸性物质，从而有一定的美容、抗衰老作用。

中医学认为

味甘，性平，归胃、大肠经。

和胃调中　健脾益气

适于胃痛，痛肿，湿疹，烫伤。

营养成分表（每100克含量）

成分	含量	成分	含量
热量（千卡）	76	磷（毫克）	40
蛋白质（克）	2	钠（毫克）	2.7
碳水化合物（克）	17.2	硒（微克）	0.78
钙（毫克）	8	烟酸（毫克）	1.1
镁（毫克）	23	胡萝卜素（微克）	30
铁（毫克）	0.8	膳食纤维（克）	0.7
钾（毫克）	342	维生素C（毫克）	27

🫕 良方妙方

药物中毒

生马铃薯研汁服下。

皮肤溃疡

马铃薯擦丝，捣为泥，敷患处。

风味土豆泥

主料

马铃薯……200克

胡萝卜……30克

西芹……20克

炼乳……20克

奶粉……10克

做法

1 把马铃薯清洗干净去皮切成片，放蒸箱蒸30分钟，软烂后打成泥放容器里，加奶粉、炼乳拌匀。

2 胡萝卜去皮切成丁焯水放入土豆泥中，西芹切粒焯水放土豆泥中拌匀即可。

莴笋

莴笋又称莴苣、青笋、莴菜，为菊科莴苣属一二年生草本植物。在中国普遍种植。莴笋色泽淡绿，如同碧玉一般，被誉为"千金菜"，主要食用肉质嫩茎，可生食、凉拌、炒食、干制或腌渍，嫩叶也可食用。

保健功效

莴笋味道清新且略带苦味，可刺激消化酶分泌，增进食欲，其皮和肉之间的乳状浆液，可促进胃酸、胆汁等消化液的分泌，对消化功能减弱、消化道中酸性降低和便秘的患者尤为有利；钾含量大大高于钠含量，有利于体内的电解质平衡，促进排尿和乳汁的分泌，对高血压、水肿、心脏病患者有一定的食疗作用；含有大量植物纤维素，能促进肠壁蠕动，通利消化道，帮助大便排泄，可用于治疗各种便秘。

中医学认为

味甘、苦，性凉，归大肠、胃经。

清热利尿   活血通乳

适于小便不利，尿血，乳汁不通。

营养成分表（每100克含量）

热量（千卡）	14	铁（毫克）	0.9
蛋白质（克）	1	钾（毫克）	212
碳水化合物（克）	2.8	磷（毫克）	48
钙（毫克）	23	钠（毫克）	36.5
镁（毫克）	19	胡萝卜素（微克）	150

🍲 良方妙方

小便不利

莴笋捣泥作饼食之。

产后无乳

莴笋3根，研作泥，好酒调开服。

生拌莴笋

主 料

嫩莴笋……500克
香葱、盐、黄酒……各适量
生抽、香油……各适量

做 法

1 嫩莴笋去皮切成丝，香葱切末。

2 把莴笋丝、葱末放入容器中，加入盐、黄酒、生抽、香油搅拌均匀即可。

莴笋炒鸡蛋

主 料

莴笋……100克
鸡蛋……4个
火腿片……适量
盐、花生油……适量

做 法

1 先把莴笋去皮洗净，切成菱形片。鸡蛋磕入碗中打散，搅拌均匀。

2 鸡蛋过油滑炒一下，盛出来备用。

3 锅中留底油，放入莴笋片、火腿片、盐翻炒1分钟，再加入滑好的鸡蛋翻搅匀，出锅装盘即可。

茭白

茭白又称高瓜、菰笋、菰手，为禾本科菰属多年生宿根草本植物。适合淡水里生长，在中国普遍种植。茭白肉质肥厚白嫩，与肉类烹调做菜肴味道更加鲜美。

保健功效

茭白含较多的碳水化合物、蛋白质、脂肪等，能补充人体的营养物质，具有健壮机体的作用；所含的豆甾醇能清除体内活性氧，抑制酪氨酸酶活性，从而阻止黑色素生成，还能软化皮肤表面的角质层，使皮肤润滑细腻；茭白性滑而利，既能利尿祛水，辅助治疗四肢浮肿、小便不利等症，又能清暑解烦而止渴，夏季食用尤为适宜，可清热通便，除烦解酒。

中医学认为

味甘，性微寒，归肺、脾经。

清热除烦　催乳

适于烦热，消渴，二便不通，黄疸，痢疾，热淋，目赤，乳汁不下。

营养成分表（每100克含量）

蛋白质（克）	1.2	磷（毫克）	36
钠（毫克）	5.8	铁（毫克）	0.4
钾（毫克）	209	硒（微克）	0.45
镁（毫克）	8	维生素A（微克）	5
钙（毫克）	4	维生素C（毫克）	5

🍲 良方妙方

产后无乳

茭白15～30克，通草9克，猪脚煮食。

高血压

鲜茭白60克，加旱芹30克。水煎服。

木耳茭白

主 料

茭白……250克

水发木耳……100克

泡辣椒……5克

鲜汤……适量

蒜、姜、葱、盐……各适量

胡椒粉、味精……各适量

淀粉、食用油……各适量

做 法

1 茭白切成长4厘米的薄片，木耳洗净，葱、姜、蒜、泡辣椒切碎；将盐、胡椒粉、味精、鲜汤加淀粉调成咸鲜茭汁。

2 锅里放食用油烧热，把泡辣椒碎、姜末、蒜末炒香，再倒入茭白片、木耳翻炒至断生，淋入茭汁，撒上葱花即可。

竹笋

竹笋又称竹笋子、玉兰片，为禾本科植物毛竹等多种竹的幼苗。我国南方出产。笋肉色白或淡黄，质细嫩，味清鲜，在我国自古就被当作"山中珍品"，用于做菜肴、腌渍笋、制作笋干等。

保健功效

竹笋含有一种白色的含氮物质，构成了其独有的清香，能促进消化、增进食欲；所含有的植物纤维可以增加肠道水分的潴留量，促进胃肠蠕动，降低肠内压力，使粪便变软，利于排出，用于治疗便秘，预防肠癌；竹笋中植物蛋白、维生素及微量元素的含量均很高，有助于增强机体的免疫功能，提高防病抗病能力。

中医学认为

味甘，性微寒，归胃、肺经。

清热化痰　益气和胃

利膈爽胃

适于食欲不振，胃口不开，脘痞胸闷。

营养成分表（每100克含量）

热量（千卡）	19	铁（毫克）	0.5
膳食纤维（克）	1.8	锰（毫克）	1.14
蛋白质（克）	2.6	钾（毫克）	389
碳水化合物（克）	3.6	磷（毫克）	64
钙（毫克）	9	烟酸（毫克）	0.6
镁（毫克）	1	维生素C（毫克）	5

良方妙方

痰热咳嗽

竹笋同肉煮熟食之。

小儿麻疹

鲜竹笋同鲫鱼煮汤食之。

核桃仁炒脆笋

主 料

鲜竹笋……250克

核桃仁……150克

胡萝卜……50克

盐……4克

味精……4克

白糖……2克

淀粉……5克

做 法

1 鲜竹笋切条焯水备用，胡萝卜切花。

2 锅内放入油，下脆笋、核桃仁、胡萝卜花煸炒，再放入盐、味精、白糖炒熟勾芡出锅即可。

荸荠

荸荠又称马蹄、水栗、乌芋，为莎草科多年生草本植物。在中国南方盛产。皮色紫黑，肉质洁白，味甜多汁，清脆可口，用于生食、熟食或提取淀粉。

保健功效

荸荠含有较多的粗蛋白、淀粉，食用后能促进大肠蠕动，起到助消化、通便的作用；荸荠中所含的荸荠英对黄金色葡萄球菌、大肠杆菌、产气杆菌及绿脓杆菌均有一定的抑制作用，对降低血压、防治肿瘤也有一定效果；荸荠水煎汤汁能利尿排淋、杀菌，对于小便淋沥涩痛有一定的治疗作用，可作为尿路感染患者的食疗佳品。

中医学认为

味甘，性寒，归肺、胃、脾经。

清热除烦　祛痰消积

适于消渴，黄疸，热淋，痞积，目赤。

营养成分表 (每100克含量)

成分	含量	成分	含量
蛋白质（克）	1.2	硒（微克）	0.7
钾（毫克）	306	锰（毫克）	0.6
镁（毫克）	12	铜（毫克）	0.6
钙（毫克）	4	维生素A（微克）	3
磷（毫克）	44	维生素C（毫克）	7
铁（毫克）	0.6	维生素E（毫克）	0.65

🫕 良方妙方

小便不利

荸荠120克打碎，煎汤代茶饮。

食道癌

荸荠10只，带皮蒸煮，每日服食。

奶香马蹄

主 料

荸荠……200克
牛奶……50毫升
蜂蜜……10克

做 法

1 将荸荠清洗去除表皮，放入锅中煮熟备用。

2 将煮熟的荸荠加入牛奶、蜂蜜浸泡30分钟即可食用。

芋头

芋头又称芋、芋艿，为天南星科多年生宿根性草本植物。在中国各地有种植。它既可作为主食蒸熟蘸糖食用，又可用来制作菜肴、做汤、点心等，是人们喜爱的根茎类食品。

保健功效

芋头具有极高的营养价值，能增强人体的免疫功能，可作为防治肿瘤的常用药膳主食，在癌症患者做放疗、化疗及其康复过程中，有辅助治疗的作用。芋头含有一种黏液蛋白，被人体吸收后能产生免疫球蛋白，可提高人体的抵抗力。芋头为碱性食品，能中和体内积存的酸性物质，调整人体的酸碱平衡，具有美容养颜、乌黑头发的作用，还可用来防治胃酸过多症。

中医学认为

味甘、辛，性平，有小毒，归脾、胃、大肠、小肠经。

有益脾胃　　化痰散结

适于少食乏力，久痢便血，痈毒。

营养成分表（每100克含量）

成分	含量	成分	含量
铁（毫克）	1	硒（微克）	1.45
热量（千卡）	79	蛋白质（克）	2.2
钙（毫克）	36	钾（毫克）	378
能量（千焦）	331	纳（毫克）	33.1
磷（毫克）	55	胡萝卜素（毫克）	160

良方妙方

淋巴结核

鲜芋头200克，切小块，同适量粳米煮粥食。

瘰疬已溃

芋头适量，切片晒干，研细末，用海蜇、荸荠煎汤泛丸。每次9克，温开水送服。

四宝鲜奶芋泥

主 料

芋头……300克　哈密瓜……30克

鲜牛奶……1袋　雪梨……30克

草莓……2个　白糖……50克

火龙果……30克　淀粉……10克

做 法

1 芋头洗净上蒸箱蒸熟，打成芋头泥备用。

2 锅上火放入牛奶、白糖、芋泥烧沸后放入草莓、火龙果、哈密瓜、雪梨，再用淀粉勾芡即可。

芋泥蒸南瓜

主 料

芋头……200克

南瓜……250克

百合……30克

白糖……5克

盐……3克

做 法

1 芋头去皮切成大片入蒸箱蒸熟加白糖、盐打成泥。

2 南瓜改成块蒸熟撒上百合，用芋泥浇在南瓜上即可。

洋葱

洋葱又称洋葱头、玉葱、圆葱，为石蒜科葱属二年生草本植物。在中国大部分地区有种植。白皮肉质柔嫩，汁多，辣味淡，适于生食；紫皮味较辣，适于炒食。

保健功效

洋葱不含脂肪，其精油中含有可降低胆固醇的含硫化合物，可用于治疗消化不良、食欲不振、食积内停等症；洋葱还能扩张血管、降低血液黏度，因而有降血压、减少外周血管阻力和增加冠状动脉血流量、预防血栓形成的作用。洋葱既能对抗人体内儿茶酚胺等升压物质的作用，又能促进钠盐的排泄，从而使血压下降。经常食用对高血压、高血脂等心脑血管病患者都有保健作用。

中医学认为

味辛，性温，归心、脾、胃、肺经。

健胃宽中　杀菌理气

适于创伤，溃疡，阴道滴虫病，便秘。

营养成分表（每100克含量）

项目	含量	项目	含量
热量（千卡）	39	磷（毫克）	39
蛋白质（克）	1.1	钠（毫克）	4.4
钙（毫克）	24	维生素C（毫克）	8
镁（毫克）	15	维生素E（毫克）	0.14
钾（毫克）	147	胡萝卜素（微克）	20

良方妙方

痢疾

洋葱1个，白糖50克，加粳米共同煮粥食用。

失眠

洋葱1~2个用刀横竖十字切开，睡前放在枕边闻其辣味。

洋葱炒鸡蛋

主 料

洋葱……150克

鸡蛋……4个

盐、胡椒粉……各适量

食用油、香油……各适量

做 法

1 鸡蛋打入碗中打散，加入盐、胡椒粉搅拌均匀；洋葱去皮，洗净，切成片。

2 锅置火上，放入适量油烧热后，下洋葱片翻炒片刻，捞出沥油。

3 锅中余油烧热，放鸡蛋液炒熟，再放入洋葱片稍加翻炒，淋香油，出锅装盘即可。

大蒜

大蒜又叫蒜头、胡蒜、独蒜，为百合科葱属多年生草本植物。在中国各地普遍种植。大蒜是餐桌菜肴中一种最常见的食物，既可调味，又能防病健身，常被人们称誉为"植物抗生素"。

保健功效

大蒜中含有大蒜素，具有很强的杀菌作用，可以预防流感、防止伤口感染、治疗感染性疾病和驱虫。所含硒较多，对人体中胰岛素合成有调节作用；大蒜还有降血脂及预防冠心病和动脉硬化的作用，并可防止血栓的形成。

中医学认为

味辛，性温，归脾、胃、肺经。

杀菌驱虫　止咳祛痰

宣窍通闭　消肿解毒

适于脘腹冷痛，饮食积滞，饮食不洁。

营养成分表（每100克含量）

成分	含量	成分	含量
热量（千卡）	126	钠（毫克）	19.6
蛋白质（克）	4.5	维生素C（毫克）	7
钙（毫克）	39	维生素E（毫克）	1.07
镁（毫克）	21	胡萝卜素（微克）	30
钾（毫克）	302	硒（微克）	3.09
磷（毫克）	117		

🫖 良方妙方

预防流脑

生食大蒜，温盐水漱口，流脑流行期间，每日漱口数次。

痢疾

大蒜2头捣烂，加开水浸泡半天，过滤后加红白糖服食。

蒜茸杜仲叶

主 料

杜仲叶……200克

蒜茸……25克

盐、食用油、味精……各适量

做 法

1 杜仲叶飞水备用。

2 锅中放油加蒜茸煸香，入杜仲叶加盐、味精炒匀即可。

白糖蒜

主 料

大蒜……1000克

精盐、白糖……各适量

做 法

1 将大蒜洗净后放入清水中浸泡5天，每日换1次水，以减少部分辣味。

2 将精盐、白糖放入开水中溶化晾凉。与大蒜一起装坛封口，每日摇动1次，每周开口通风1次，腌渍2个月后即可食用。

百合

百合又称山百合、药百合，为百合科百合属多年生草本植物。在中国北方广泛分布。肉质鳞茎，含丰富淀粉质，可作为蔬菜食用。百合汇集了观赏、食用、药用价值，被誉为"蔬菜人参"。

保健功效

百合含黏液质，具有润燥止咳的作用；百合鲜品富含黏液质及维生素，有益于皮肤细胞的新陈代谢；含多种生物碱，能升高血细胞，对化疗及放射性治疗后白细胞减少症有治疗作用。

中医学认为

味甘、微苦，性平，归肺、心经。

滋补润肺　止咳养阴
清热安神　利尿

适于肺燥咳血，咳嗽，惊悸，失眠，心神不安。

营养成分表（每100克含量）

热量（千卡）	162	锰（毫克）	0.35
膳食纤维（克）	1.7	锌（毫克）	0.5
蛋白质（克）	3.2	铜（毫克）	0.24
钙（毫克）	11	钾（毫克）	510
镁（毫克）	43	磷（毫克）	61
铁（毫克）	1	钠（毫克）	6.7

良方妙方

神经衰弱

鲜百合500克，清水泡24小时，取出洗净；酸枣仁（炒）15克。用水煎好，去渣，再加入百合，煮熟食之。

哮喘

百合不拘多少。水煮，吃百合，每年冬季吃40余个，连吃二三冬，可愈。

百合炒南瓜

主 料

南瓜……300克

百合……50克

植物油、盐……各适量

鸡精、水淀粉……各适量

做 法

1 将南瓜去皮改刀成菱形片，百合去根洗净备用。

2 将南瓜和百合分别焯水。

3 锅置火上，锅内放入少许的油，再放南瓜百合加盐、鸡精翻炒至熟，勾少许芡即可。

鲜百合糯米粥

主 料

鲜百合……30克

糯米……50克

冰糖……适量

做 法

　　将鲜百合剥成瓣，洗净，糯米如常法煮粥，糯米将熟时加入百合煮至粥成，入冰糖调味即可。

芦笋

芦笋又称石刁柏、龙须菜，为百合科天门冬属多年生草本植物。于每年春季自地下抽生嫩茎，经培土软化即可采收，食之甘香鲜美，有特殊风味，用于做菜肴、榨汁、制作芦笋罐头等，被誉为"世界十大名菜之一"。

保健功效

芦笋内含有芦丁、维生素C等成分，能降低血压，软化血管，减少胆固醇吸收，因此可作为冠心病、高血压患者的辅助治疗食品；所含的组织蛋白和天门冬酰胺等成分，能促使细胞正常生长，并对癌细胞有一定抑制作用。

营养成分表（每100克含量）

成分	含量	成分	含量
膳食纤维（克）	1.9	磷（毫克）	42
蛋白质（克）	1.4	钠（毫克）	3.1
钙（毫克）	10	维生素 B_1（毫克）	0.04
镁（毫克）	10	维生素 B_2（毫克）	0.05
锌（毫克）	0.41	维生素C（毫克）	45
钾（毫克）	213	胡萝卜素（微克）	1000

中医学认为

味苦、微甘，性平，归肺经。

消瘦散结　润肺镇咳
祛痰杀虫　利小便

适于热病口渴心烦，肺痈，肺痿，淋病。

 良方妙方

膀胱炎

取芦笋根5克。水煎服，每日2次。

冠心病

鲜芦笋25克。水煎服或做菜吃，每日2次。

米汤干贝扒芦笋

主 料

芦笋……300克

干贝……35克

鸡汤……适量

红椒丝……10克

盐……3克

小米汤……70克

水淀粉……15克

做 法

1 芦笋去皮改刀洗净焯水，用鸡汤煨制入味后摆放器皿中，放入红椒丝。

2 蒸好的干贝撕成丝备用。

3 米汤在锅中烧开放入干贝丝、盐，烧开勾芡淋在芦笋上即可。

姜

姜又称姜根、百辣云、炎凉小子，为姜科姜属多年生草本植物。在中国普遍种植。是一种极为重要的调味品，也可作为蔬菜单独食用，还是一味重要的中药材。它可将自身的辛辣味和特殊芳香渗入到菜肴中，食之鲜美可口，味道清香。

保健功效

姜中含有的挥发油能增强胃液的分泌和肠壁的蠕动，从而帮助消化；所含的姜烯、姜酮有明显的止呕吐作用；姜提取液具有显著的抑制皮肤真菌和杀死阴道滴虫的功效，可治疗各种痈肿疮毒；生姜有抑制癌细胞活性、降低癌的毒害作用，俗话有"冬吃萝卜夏吃姜，不劳医生开药方"。

中医学认为

味辛，性温，归肺、脾、胃经。

解表　散寒

温胃止吐　化痰止咳

适于风寒感冒，胃寒呕吐，寒痰咳嗽。

营养成分表（每100克含量）

钙（毫克）	27	钾（毫克）	295
镁（毫克）	44	磷（毫克）	25
锰（毫克）	3.2	钠（毫克）	14.9

良方妙方

急性胃肠炎

干姜丝、绿茶各3克。放杯中以沸水冲泡，浸10分钟，代茶频饮。

脂溢性皮炎

生姜绞汁。涂患处，每周1次，连用3次即愈。

姜枣粥

主 料

生姜……50克
大枣……100克
白糖……20克

做 法

1 鲜生姜去皮，然后将其榨汁待用；大枣洗净，去核待用。

2 锅内加适量的水烧沸后加大枣，入姜汁、白糖搅匀，水淀粉勾芡即可。

山药

山药又叫薯蓣、薯药、延章、玉延，为薯蓣科薯蓣属藤本植物。在中国普遍种植。自古以来，它就被誉为补虚佳品，既可作主粮，又可作蔬菜，非常适合中老年人补充营养，因此被誉为"中老年之友"。

保健功效

山药含有淀粉酶、多酚氧化酶等物质，有助于脾胃对食物的消化吸收，是一味平补脾胃的药食两用之品；含有的皂苷、黏液质，可益肺气，养肺阴；含有的大量黏液蛋白、维生素及微量元素，能有效阻止血脂在血管壁沉淀，可预防心脑血管疾病。

中医学认为

味甘，性平，归肺、脾、肾经。

健脾　补肺
固肾　益精

适于脾虚食少，久泻不止，肺虚喘咳。

营养成分表（每100克含量）

热量（千卡）	56	钾（毫克）	213
蛋白质（克）	1.9	磷（毫克）	34
钙（毫克）	16	钠（毫克）	18.6
镁（毫克）	20	胡萝卜素（微克）	20

🫖 良方妙方

小儿夜啼

山药、茯苓各15克。煎汤，加白糖适量，调服，连服半月。

糖尿病

生山药120克，水煎服；或山药50～60克切片，粳米60克同煮粥食。

山药凉糕

主料

山药……200克
西瓜肉、樱桃……各适量
琼脂……适量
白糖……适量

做法

1 西瓜肉切丁，樱桃洗净、去核、切丁；山药洗净蒸熟，去皮研成泥；锅中加水煮沸，下入琼脂和白糖熬化，用纱布过滤后，再倒回锅内。

2 锅中放入山药细泥，熬开拌匀，倒入碗中，冷却后入冰箱镇凉，吃时切成菱角块，上撒西瓜、樱桃丁即成。

花果实类

黄花菜

黄花菜又称金针菜、萱草、忘忧草，为百合科萱草属被子植物。在中国普遍种植。是一种营养价值高、具有多种保健功效的花卉珍品蔬菜，主要食用干品，用于做菜肴、煮汤等，其肉质根也可食用或酿酒。

保健功效

黄花菜中含有丰富的卵磷脂，对改善大脑功能有重要作用；能显著降低血清中胆固醇的含量，有利于高血压患者的康复；含有一定量的松果体素，具有诱导睡眠的作用；丰富的粗纤维能促进大便的排泄，可作为防治肠道癌的食品。

营养成分表（每100克含量）

热量（千卡）	199	镁（毫克）	85
钙（毫克）	301	胡萝卜素（微克）	1840

中医学认为

味甘，性平，归肝、肾经。

养血止血

适于头晕，耳鸣，心悸，腰痛，吐血，衄血。

良方妙方

鹅口疮

黄花菜50克煎汤半杯，加50克蜂蜜调匀。缓缓服用，分3次服完，每日3次。

血痔

黄花菜60克，黄精45克。煎服。

鲜黄花炒百合

主 料

百合……150克

鲜黄花……300克

胡萝卜……50克

盐、味精……各4克

白糖……2克

淀粉……5克

食用油……适量

做 法

1 百合、鲜黄花洗净焯水，胡萝卜切花备用。

2 锅内放入油下入鲜黄花、百合、胡萝卜煸炒，再放入盐、味精、白糖炒熟勾芡出锅即可。

花椰菜

花椰菜又称花菜、菜花或椰菜花，为十字花科二年生草本植物。原产于地中海东部海岸，约在 19 世纪初引进中国。菜花质地细嫩，味甘鲜美，食后极易消化吸收，其嫩茎纤维，烹炒后柔嫩可口。

保健功效

花椰菜含有丰富的类黄酮，能够阻止胆固醇氧化，防止血小板凝结成块，减少心脏病与中风的危险；含丰富的维生素 C，能提高机体的免疫力，防止感冒和维生素 C 缺乏病的发生；含有抗氧化防癌症的微量元素，长期食用可以减少乳腺癌、直肠癌及胃癌等癌症的发病概率。

中医学认为

味甘，性凉，归脾、胃经。

助消化　增食欲
生津止渴

适于脾胃虚热，肺热咳嗽，肺结核。

营养成分表（每100克含量）

热量（千卡）	24	磷（毫克）	47
钙（毫克）	23	钠（毫克）	31.6
镁（毫克）	18	胡萝卜素（微克）	30
铁（毫克）	1.1	维生素 C（毫克）	61
钾（毫克）	200		

良方妙方

流行性感冒

花椰菜 100 克，煮食。

咳 嗽

花椰菜 250 克，陈皮 50 克，梨 50 克，白糖适量。花椰菜焯水捞出，陈皮、梨、白糖共煎取汁倒入花椰菜内拌食。

番茄花椰菜

主 料

花椰菜……300克

番茄……300克

食用油、食盐……各适量

味精、葱花……各适量

做 法

1 番茄洗净剥皮、切块；花椰菜洗净后掰成小块，汆烫断生。

2 炒锅烧热倒油，放入葱花爆香，倒入花椰菜翻炒至八成熟后盛出。

3 炒锅中留余油，放入番茄翻炒至番茄出汁，再倒入花椰菜翻炒至熟，加入食盐、味精炒匀即可。

花椰菜汁

主 料

花椰菜……半颗

做 法

1 花椰菜去梗，入盐水中浸泡片刻，洗净，掰成小朵，放入开水中焯一下。

2 将焯熟的花椰菜放入榨汁机中，加适量凉开水，搅打成汁即可。

豇豆

豇豆又称长豆角、饭豆，为豆科豇豆属一年生缠绕、草质藤本或近直立草本植物。在中国栽培历史悠久，资源丰富。一般作为蔬菜食用，既可热炒，又可焯水后凉拌，还可腌酱菜、腌酸豆角等。

保健功效

豇豆所含的维生素 C 能促进抗体的合成，提高人体抗病毒的能力；所含的磷脂有促进胰岛素分泌、参加糖代谢的作用，是糖尿病患者的理想食品。

中医学认为

味甘，性平，归脾、胃经。

健脾开胃　利尿除湿

适于脾胃虚弱，食少便溏；妇女脾虚带下，或湿热尿浊。

营养成分表（每100克含量）

热量（千卡）	29	钾（毫克）	112
膳食纤维（克）	2.3	磷（毫克）	63
蛋白质（克）	2.9	钠（毫克）	2.2
钙（毫克）	27	维生素C（毫克）	19
镁（毫克）	31	维生素E（毫克）	4.39
锌（毫克）	0.54	胡萝卜素（微克）	250

良方妙方

食积腹胀

生豇豆适量，细嚼咽下或冷开水送服。

糖尿病

干豇豆 100 克。水煎服汤。

蒜泥豇豆

主料

豇豆……400克　　　蒜、香油……各适量
鲜红椒……适量　　　盐、味精……各适量

做法

1 将豇豆洗净，去"头"掐"尾"后切成
　段；蒜剁为末；鲜红椒切成圈。

2 锅中加水烧沸，放一匙盐后再下豇豆煮
　熟；捞出沥干水分晾凉，上桌前加入蒜
　末、红椒圈、盐、香油、味精，拌匀后即
　可食用。

青椒豇豆

主料

豇豆……400克　　　盐、鸡精……各适量
青椒……4个　　　　水淀粉、油……各适量

做法

1 把豇豆洗净，切成3厘米左右的段。

2 青椒去蒂，去子后切成粗丝。

3 炒锅置旺火上，将油烧至七成热，放入青
　椒丝炒出香味，加少许盐炒匀，再倒入豇
　豆同炒。

4 加入小半杯水，加鸡精焖一会儿，用水淀
　粉勾芡起锅即成。

青椒

青椒又称柿子椒、大椒、灯笼椒、甜椒、彩椒，为茄科一年生草本植物。在中国各地普遍种植。培育品种有红、黄、紫等多种颜色，不辣或微辣，用于做菜肴，还被广泛用作配菜。

保健功效

青椒中含有的辣椒素能刺激唾液和胃液的分泌，增加食欲，促进肠道蠕动，帮助消化；含有丰富的维生素 C，可以防治维生素 C 缺乏病，对牙龈出血、贫血、血管脆弱有辅助治疗作用。

中医学认为

味甘、辛，性热，归心、脾经。

温中散寒　开胃消食

适于食欲不振，寒滞腹痛，脾胃虚寒，牙龈出血。

营养成分表（每 100 克含量）

热量（千卡）	22	钾（毫克）	142
膳食纤维（克）	1.4	磷（毫克）	20
蛋白质（克）	1	钠（毫克）	3.3
碳水化合物（克）	5.4	维生素 C（毫克）	72
钙（毫克）	14	维生素 E（毫克）	0.59
镁（毫克）	12	胡萝卜素（微克）	340

🫖 良方妙方

糖尿病

青椒、洋葱各 150 克。将洋葱揭去老皮，洗净切片，青椒洗净，切开去籽，切片。锅中放油，烧热，将洋葱与青椒一起倒入煸炒，加入适量盐、米醋、味精，以脆而不烂为准，佐餐食用。

素炒青椒

主 料

青椒……250克

葱、姜、蒜……各适量

醋、白糖、生抽……各适量

鸡精、盐、水淀粉……各适量

香油……少许

做 法

1 青椒去籽洗净，切条。

2 炒锅倒油烧热放入青椒翻炒，翻炒片刻后加入葱、姜、蒜爆香，继续翻炒至柿子椒表皮发白起皱，加入醋、白糖、生抽、盐、清水烧制青椒入味。

3 汤汁快干时勾入适量的水淀粉，加少许鸡精、香油翻炒均匀即可。

番茄

番茄又称西红柿、蕃柿、洋柿子，为茄科番茄属一年生草本植物。原产南美洲，在中国南北方广泛栽培。番茄的果实营养丰富，具特殊风味，可以生食、煮食、加工番茄酱、汁或整果罐藏。

保健功效

番茄含有丰富的维生素、矿物质、碳水化合物、有机酸及少量的蛋白质，有促进消化、利尿、抑制多种细菌的作用；含有的维生素可以保护血管，治疗高血压，还有推迟细胞衰老、增加人体抗癌能力的作用；所含的胡萝卜素可维持皮肤弹性，促进骨骼钙化，防治儿童佝偻病、夜盲症和眼睛干燥症。

中医学认为

味甘、酸，性微寒，归脾、胃、肝、肾经。

生津止渴　健胃消食

适于烦热口渴，食欲不振，高血压，冠心病，糖尿病，口腔溃疡。

营养成分表（每100克含量）

热量（千卡）	19	磷（毫克）	23
碳水化合物（克）	4	钠（毫克）	5
钙（毫克）	10	维生素C（毫克）	19
镁（毫克）	9	维生素E（毫克）	0.57
钾（毫克）	163	胡萝卜素（微克）	550

良方妙方

高血压

每日清晨空腹吃番茄1～2个。

增肥

番茄榨取汁，加白糖适量。常服，每日1次，睡前饮。

番茄汁

主 料

番茄……500克

做 法

1 把西红柿洗干净，用热水烫后去皮。

2 再用纱布包好用手挤压出汁倒入杯中，再加入少许的温开水调匀，即可饮用。

番茄粥

主 料

大米……100克　　白糖……15克
番茄……100克　　糖桂花……少许

做 法

1 大米用清水浸泡发好；番茄去蒂，用清水洗净，再用开水略烫一下，捞入清水中，撕去外皮，从中一剖为二，切成片。

2 锅中倒入适量清水、大米，先大火煮沸，后改小火煮熟，加番茄片和白糖煮入味。

3 粥成调入糖桂花即可。

黄瓜

黄瓜又称胡瓜、刺瓜、青瓜，为葫芦科一年生攀援草本植物。在中国各地普遍栽培。黄瓜脆嫩多汁，用于拌凉菜、炒食、煮汤、腌酱菜等。

保健功效

黄瓜是一种低热量碱性食物，嘌呤含量较低，并含有丰富的维生素C，有利于尿酸的排出；黄瓜中的固醇类成分能降低胆固醇，所含的膳食纤维、钾和镁有益调节血压水平，预防高血压作用，所含的葡萄糖苷、果糖等不参与通常的糖代谢，故糖尿病患者以黄瓜代替淀粉类食物充饥；所含的黄瓜酶，有很强的生物活性，能有效地促进人体的新陈代谢，有润肤、舒展皱纹的功效。

中医学认为

味甘，性凉，归脾、胃、肺经。

利水利尿　清热解毒

适于烦渴，咽喉肿痛，肥胖，高血压，高血脂，糖尿病，小便不利。

营养成分表（每100克含量）

热量（千卡）	15	硒（微克）	0.38
钙（毫克）	24	维生素C（毫克）	9
镁（毫克）	15	维生素E（毫克）	0.49
钾（毫克）	102	胡萝卜素（微克）	90
磷（毫克）	24	膳食纤维（克）	0.5
钠（毫克）	4.9		

 良方妙方

热痢

嫩黄瓜洗净去皮，鲜吃，每次约250克。

烫伤

鲜黄瓜洗净，捣烂以汁涂患处。

黄瓜汁

主 料

黄瓜……2根

做 法

1 黄瓜洗净后削掉外皮，切段。

2 将黄瓜段放进榨汁机打成汁，煮沸，晾温饮用。

金钩黄瓜

主 料

海米……10克

嫩黄瓜……250克

香油、盐、味精……各适量

做 法

1 海米放入碗内，加入少许清水，隔水蒸至酥透时取出，放一边备用。

2 将黄瓜洗净，切去两头后切成片，用盐腌渍片刻，滤去盐水，拌入少许味精，浇上备用的海米和水，淋上香油后即成。

丝瓜

丝瓜又称胜瓜、菜瓜，为葫芦科一年生攀援藤本植物。在中国普遍种植。丝瓜可凉拌、炒食、烧食、做汤食，或榨汁用以食疗。

保健功效

丝瓜含皂苷类物质，能降低胆固醇，扩张血管，营养心脏，有利于降压；丝瓜中所含的瓜氨酸可平衡正常的血糖水平；丝瓜是低嘌呤食物，有助于尿酸盐的溶解，从而防止其沉淀；所含的维生素C等成分，能保护皮肤、消除斑块，使皮肤洁白、细嫩，是不可多得的美容佳品。

中医学认为

味甘，性凉，归肝、胃、肺经。

清暑凉血　解毒通便

祛风化痰　下乳汁

适于身热烦渴，痰喘咳嗽，肠风痔漏。

营养成分表（每100克含量）

成分	含量	成分	含量
热量（千卡）	20	磷（毫克）	29
蛋白质（克）	1	钠（毫克）	2.6
碳水化合物（克）	4.2	硒（微克）	0.86
钙（毫克）	14	维生素C（毫克）	5
镁（毫克）	11	维生素E（毫克）	0.22
钾（毫克）	115	胡萝卜素（微克）	90

良方妙方

经脉不通

丝瓜焙干，为末，空腹酒下。

肺热咳嗽

干丝瓜花10克，蜂蜜适量。

葡萄干蒸丝瓜

主 料

丝瓜……400克　　豉油……5克

葡萄干……50克　　味精……4克

盐……4克

做 法

1 丝瓜切条备用。

2 将丝瓜摆盘放入盐、味精、葡萄干蒸5分钟出锅加入豉油即可。

丝瓜香菇汤

主 料　　　　葱、姜……各适量

丝瓜……250克　　味精、盐……各适量

香菇……100克　　食用油……少许

做 法

1 将丝瓜洗净，去皮棱，切开，去瓤，再切成段；香菇用凉水发后，洗净。

2 起油锅，将香菇略炒，加清水适量煮沸3~5分钟，入丝瓜稍煮，加葱、姜、盐、味精调味即成。

苦瓜

苦瓜又称凉瓜、癞瓜，为葫芦科苦瓜属一年生细弱草质藤本植物。在中国南北均普遍栽培。用于做菜肴、煲汤、制作苦瓜茶等。

保健功效

苦瓜中的苦瓜苷和苦味素能增进食欲，健脾开胃；所含的生物碱类物质奎宁，有利尿活血、消炎退热、清心明目的功效；苦瓜中的蛋白质及大量维生素 C 能提高人体的免疫功能；从苦瓜子中提炼出的胰蛋白酶抑制剂，可以抑制癌细胞所分泌出来的蛋白酶，阻止恶性肿瘤生长；苦瓜的新鲜汁液，含有苦瓜苷和类似胰岛素的物质，具有良好的降血糖作用，是糖尿病患者的理想食品。

中医学认为

味苦，性寒，归心、肝、脾、胃经。

清暑涤热　明目解毒

适于中暑发热，牙痛，肠炎，痢疾，便血；外用治痱子。

营养成分表（每100克含量）

热量（千卡）	19	钾（毫克）	256
膳食纤维（克）	1.4	磷（毫克）	35
蛋白质（克）	1	钠（毫克）	2.5
碳水化合物（克）	4.9	维生素 C（毫克）	56
钙（毫克）	14	维生素 E（毫克）	0.85
镁（毫克）	18	胡萝卜素（微克）	100

 良方妙方

痢疾

鲜苦瓜捣烂绞汁 1 杯。开水冲服。

便血

鲜苦瓜根 120 克。水煎服。

杏仁拌苦瓜

主料

苦瓜……200克

杏仁……20克

盐……2克

味精……1克

香油……适量

做法

1　将苦瓜洗净改刀切成片焯水备用。

2　杏仁泡淡盐水20分钟与苦瓜一起放容器中加盐、味精、香油拌匀即可。

冬瓜

冬瓜又称白瓜、枕瓜，为葫芦科冬瓜属一年生蔓生或架生草本植物。在中国普遍种植。用于做菜肴、煮汤、做火锅的配料、制作果脯，也可浸渍为各种糖果等。

保健功效

冬瓜中含有丰富的维生素C、B族维生素、膳食纤维，能促进血液循环和水分新陈代谢，净化血液，疏通血管，减少血液流动的阻力，起到降血压的作用；冬瓜中含有丙醇二酸，能抑制糖类转化成脂肪，有助于消脂减肥。

中医学认为

味甘，性凉，归肺、大肠、小肠经。

利水消痰　清热解毒

适于水肿，胀满，脚气，淋病，咳喘，暑热烦闷，消渴，泻痢，痈肿。

营养成分表（每100克含量）

热量（千卡）	11	硒（微克）	0.22
碳水化合物（克）	2.6	烟酸（毫克）	0.3
钙（毫克）	19	维生素C（毫克）	18
镁（毫克）	8	维生素E（毫克）	0.08
钾（毫克）	78	胡萝卜素（微克）	80
磷（毫克）	12	膳食纤维（克）	0.7
钠（毫克）	1.8		

良方妙方

消渴

冬瓜1枚，削去皮，埋湿地中1月将出，破开，取清汁饮之。

暑热

冬瓜500克，煮汤3大碗，每日分3次服下。

清蒸冬瓜盅

主 料

冬瓜……200克

熟冬笋……40克

水发冬菇、蘑菇……各40克

彩椒……20克

香油、料酒、酱油……各适量

白糖、味精、淀粉……各适量

做 法

1 将冬瓜选肉厚处用圆槽刀捅出14个圆柱形，焯水后抹香油待用。

2 冬菇、蘑菇洗净，熟冬笋去皮，各切碎末；锅置火上，油6成热后下锅煸炒，再加料酒、酱油、白糖、味精，放入热水，烧开后勾厚芡，冷后成馅。

3 冬瓜柱掏空填上馅，放盘中，上笼蒸10分钟取出装盘，盘中汤汁烧开调好味后勾芡，浇在冬瓜盅上即可。

南瓜

南瓜又称番瓜、倭瓜等，为葫芦科一年生蔓生草本植物。在中国广泛栽种。用于蒸食、炒菜、煮汤、煮粥等。近年来，人们发现南瓜不但可以充饥，而且还有一定的食疗价值，于是被称为"宝瓜"。

保健功效

南瓜含有丰富的维生素和果胶，果胶有很好的吸附性，能黏结与消除体内细菌毒素和其他有害物质，如重金属的铅、汞和放射性元素，能起到解毒作用，果胶还可以保护胃肠道黏膜，使其免受粗糙食品的刺激，促进溃疡愈合；常吃南瓜能活跃人体的新陈代谢，促进造血功能，是人体胰岛细胞所必需的微量元素，对防治糖尿病、降低血糖有特殊的疗效。

中医学认为

味甘，性温，归脾、胃经。

补中益气　润肺化痰

消炎止痛　解毒杀虫

适于寒性哮喘，肺虚咳嗽，慢性支气管。

营养成分表（每100克含量）

膳食纤维（克）	1.9	镁（毫克）	10
蛋白质（克）	1.4	锌（毫克）	0.41
钙（毫克）	10	钾（毫克）	213

 良方妙方

糖尿病

南瓜 250 克，煮汤服食。每日早晚餐各 1 次，连服 1 个月。

夜盲症

南瓜块、猪肝片各 250 克，加水 1000 毫升同煮，至瓜烂肉熟，加调料调匀即可。

南瓜丁炒藕尖

主 料

南瓜……50克

原味藕尖……400克

葱、姜……各5克

盐……4克

味精……4克

白糖……2克

淀粉……5克

做 法

1 南瓜切丁焯水备用。

2 锅置火上,锅内放入适量油烧热
煸香葱姜,加入南瓜丁、藕尖煸
炒,放入盐、味精、白糖炒熟,
放入水淀粉勾芡出锅即可。

南瓜玉米羹

主 料

南瓜……50克

玉米面……200克

白糖、盐……各适量

食用油、清汤……各适量

做 法

1 将南瓜去皮,洗净,切成小块。

2 锅置火上,放适量的油烧热,放
入南瓜块略炒后,再加入清汤,
炖10分钟左右至熟。

3 将玉米面用水调好,倒入锅内,
与南瓜汤混合,边搅拌边用小火
煮,3分钟后,搅拌至黏稠后,
加盐和白糖调味即可。

西葫芦

西葫芦又称茭瓜、白瓜、番瓜，为葫芦科南瓜属一年生蔓生草本植物。在中国普遍种植。西葫芦因皮薄、肉厚、汁多，可荤可素、可菜可馅而深受人们喜爱。

保健功效

西葫芦中含有瓜氨酸、腺嘌呤、天冬氨酸、葫芦巴碱等物质，且含钠盐很低，是公认的保健食品。西葫芦具有促进人体内胰岛素分泌的作用，可有效地防治糖尿病，有助于肝、肾功能衰弱者增强肝、肾细胞的再生能力。富含水分，有润泽肌肤的作用；含有一种干扰素的诱生剂，可刺激人体产生干扰素，提高免疫力，发挥抗病毒和肿瘤的作用。

中医学认为

味甘，性寒，归肺、胃、肾经。

除烦止渴　润肺止咳

清热利尿　消肿散结

适于烦渴，水肿腹胀，疮毒，肾炎。

营养成分表（每100克含量）

热量（千卡）	18	镁（毫克）	9
蛋白质（克）	0.8	钾（毫克）	92
脂肪（克）	0.2	磷（毫克）	17
碳水化合物（克）	3.8	钠（毫克）	5
钙（毫克）	15	胡萝卜素（微克）	30

良方妙方

痛风

西葫芦 150 克，鸡蛋 50 克，用油把两者炒熟食用，每日 2 次。

西葫芦蛋饼

主 料

西葫芦……1个
鸡蛋……2个
面粉……适量
盐、鸡精、食用油……各适量

做 法

1 西葫芦刨去外皮，挖去瓜瓤，切成丝，用盐腌制片刻。

2 鸡蛋打散，加少许盐、鸡精，加入面粉搅打成糊。

3 西葫芦出水后稍稍挤干，倒入面糊里搅拌均匀。

4 油锅倒入适量面糊，双面煎至金黄色出锅即可。

野菜类

鱼腥草

　　鱼腥草又称蕺菜、折耳根、狗贴耳，为三白草科多年生草本植物。分布于中国南方等地，生于沟边、溪边或林下湿地上。全株有鱼腥味。鲜嫩茎叶和根均可食用。用于做凉拌菜、煮汤、炒食。

保健功效

　　鱼腥草中含鱼腥草素、黄酮类化合物、有机酸类，能增强机体免疫功能，对病毒、钩端螺旋体、致病性真菌等均有不同程度的抑制作用；所含槲皮苷和钾盐有血管扩张和利尿作用。

营养成分表（每100克含量）

磷（毫克）	38	锰（毫克）	1.71
钙（毫克）	74	镁（毫克）	71
钾（毫克）	71.8	维生素 C（毫克）	70

中医学认为

味辛，性微寒，归肺经。

清热解毒　消肿疗疮

利尿除湿　清热止痢

适于肺痈，肺热咳嗽，热毒疮痈，湿热淋证。

良方妙方

痢疾

　　鱼腥草 20 克，山楂炭 6 克。水煎加蜂蜜服。

感冒发烧

　　细叶香茶菜 20 克，鱼腥草 16 克。水煎服。

凉拌鱼腥草

主料

鱼腥草……200克

胡萝卜……20克

蒜末、生抽……各少许

糖……2克

醋……2克

味精……1克

做法

1 将鱼腥草洗净切断，胡萝卜去皮，切成小粒。

2 将鱼腥草放入容器中，加入胡萝卜粒、蒜末、生抽、糖、醋、味精，拌匀即可。

马齿苋

马齿苋又称马齿草、马齿菜、长命菜，为马齿苋科一年生草本植物。在中国南北各地均产。生于菜园、农田、路旁，为田间常见杂草。用于生食、炒食、蒸食、做汤等。

保健功效

马齿苋对痢疾杆菌、伤寒杆菌、金黄色葡萄球菌均有抑制作用，特别对急慢性细菌性痢疾疗效尤显著；含有丰富的维生素A，能促进溃疡愈合；所含左旋去甲肾上腺素，能抑制黑色素合成；所含不饱和脂肪酸，能降低血液黏度和血清胆固醇，升高血清高密度脂蛋白胆固醇，抗心肌梗死，增加心肌收缩力。

中医学认为

味酸，性寒，归大肠、肝经。

清热利湿　凉血解毒

适于细菌性痢疾，急性胃肠炎，急性阑尾炎，乳腺炎，痔疮出血。

营养成分表（每100克含量）

蛋白质（克）	2.3	铁（毫克）	1.5
膳食纤维（克）	0.7	维生素C（毫克）	23
磷（毫克）	56	维生素C（毫克）	23
钙（毫克）	85	维生素A（微克）	372

🫖 良方妙方

尿血

鲜马齿苋60～120克，车前草7株。水煎服。

尿道炎

马齿苋60克，生甘草6克。水煎服，每日1剂，连续服用。

枸杞马齿苋

主 料

马齿苋……300克

枸杞子……5粒

蒜泥、生抽、盐……各适量

醋、香油……各适量

做 法

1 将马齿苋择成段，洗干净；枸杞子洗净微泡。

2 锅内加水，加少许盐和油，水开后放入马齿苋焯水，色成碧绿即可捞出。

3 用清水多次洗净黏液，沥干水分，放入大碗中。

4 将蒜瓣捣成蒜泥，浇在马齿苋上，放入生抽、盐、醋、香油和枸杞子，拌匀装盘即成。

荠菜

荠菜又称荠荠菜、地丁菜、地菜，为十字花科一二年生草本植物。野生，偶有栽培。生在山坡、田边及路旁。药食两用植物，具有很高的药用价值，用于做菜肴、做馅、煮汤等。

保健功效

荠菜所含乙酰胆碱、谷醇、季胺化合物可以降低血液和肝脏中的胆固醇、甘油三酯含量，且可降低血压；所含荠菜酸是有效的止血成分，能缩短出血、凝血时间，有明显止血作用；胡萝卜素含量较高，所含的维生素C也能阻断亚硝酸盐在肠道内形成，可减少癌症和心血管疾病的患病概率；含有较多的钙，且易于被机体吸收利用，可防骨质疏松。

中医学认为

味甘，性凉，归肝、心、肺经。

凉血止血　清热利尿

适于肾结核尿血，产后子宫出血，月经过多，肺结核咯血。

营养成分表（每100克含量）

成分	含量	成分	含量
蛋白质（克）	2.9	铁（毫克）	5.4
膳食纤维（克）	1.7	锌（毫克）	0.68
磷（毫克）	81	钙（毫克）	294
钾（毫克）	280	维生素C（毫克）	43
镁（毫克）	37	胡萝卜素（微克）	2590

 良方妙方

血尿

鲜荠菜200克，加水煎浓，打入鸡蛋1个煮熟，食盐少许调味，连吃2个月。

高血压

鲜荠菜6～9克，煎汁代茶饮；或荠菜花15克，墨旱莲15克，水煎服。

荠菜粳米粥

主 料

荠菜、粳米……各100克

做 法

1 将荠菜洗净，切碎；粳米用清水淘洗干净。

2 取锅倒入清水，放入粳米大火煮开，改小火煮稠
后加入切好的荠菜煮开即可。

紫苏

紫苏又称赤苏，为唇形科一年生草本植物。在中国各地均有种植。颜色有绿色和紫色。紫苏具有特异的芳香，用于做菜肴、拌凉菜、做调味品，种子可榨苏子油。

保健功效

紫苏中所含的紫苏醛能抗金葡球菌和真菌，抑制兴奋传导，镇静；所含的迷迭香酸有抗炎作用；所含石竹烯能松弛气管，具有镇咳、祛痰、平喘作用；苏叶有抗辐射、抗氧化、止呕、促进肠蠕动和促进血凝作用；所含紫苏油，能升高血糖。

中医学认为

味辛，性温，归肺、脾经。

发表散寒　理气和中

行气安胎　解鱼蟹毒

适于风寒感冒，咳嗽呕恶，妊娠呕吐。

营养成分表（每100克含量）

蛋白质（克）	3.8	磷（毫克）	44
膳食纤维（克）	1.5	钙（毫克）	3
铁（毫克）	23	维生素C（毫克）	47

🍵 良方妙方

风寒感冒

紫苏叶10克，生姜10克，红糖20克。沸水冲泡饮。

咳逆短气

紫苏叶30克，人参10克。共研末，煮汤饮。

紫苏粳米粥

主 料

紫苏叶……9克
粳米……100克
红砂糖……20克

做 法

1 紫苏叶洗净切丝备用，粳米洗净。

2 锅中加水烧沸，放入粳米，粳米熟后放入切好的紫苏丝、红砂糖，再煮3分钟即可。

炸紫苏

主 料

紫苏……150克
酥炸粉……100克
食用油、盐……各适量

做 法

1 紫苏叶洗净，酥炸粉加适量的水、盐搅匀调成糊。

2 紫苏叶放入糊中裹均，下油锅炸至成熟酥脆即可。

PART 2

菌藻的
养生与保健

菌藻类

香菇

香菇又称香蕈、香菌、冬菇，为口蘑科香菇属菌类。香菇是中国特产之一，在民间素有"山珍"之称。用于做菜肴、煮汤、香菇酱、晒制干品。

保健功效

香菇菌盖部分含有双链结构的核糖核酸，进入人体后，会产生具有抗癌作用的干扰素；香菇中含有嘌呤、胆碱、酪氨酸、氧化酶以及某些核酸物质，能起到降血压、降胆固醇、降血脂的作用，可预防动脉硬化、肝硬化等疾病。

营养成分表（每100克含量）

热量（千卡）	19	镁（毫克）	11
膳食纤维（克）	3.3	钾（毫克）	20
钙（毫克）	2	磷（毫克）	53

中医学认为

味甘，性平，归肝、胃经。

健胃益气　透托痘疹

适于脾胃呆滞，消化不良，小儿麻疹透发不畅，糖尿病。

良方妙方

痔疮出血

香菇焙干研末，每次3克。温开水送下，每日2次。

冠心病

香菇50克，大枣7～8枚。共煮汤食。

香菇豆腐

主　料

香菇……150克
豆腐……150克
清汤……100克
葱……5克
姜……5克
盐……2克
香油……3克
鸡精……2克
胡椒粉……适量

做　法

1 将鲜香菇洗净去根，清汤中加入葱、姜、香菇，煮熟后捞出切成粒备用。

2 豆腐切成方块，清汤中加入盐、鸡精、豆腐块煨入味。

3 香菇粒加盐、鸡精、胡椒粉、香油调好味撒在豆腐上即可。

平菇

平菇又称侧耳、耳菇、青蘑，为侧耳科菌类。在中国各地均有分布，北方居多，野生或栽培。平菇营养丰富，肉质肥厚，风味独特，是人们喜食的食用菌之一，用于做菜肴、煮汤等。

保健功效

平菇含有具有抗癌作用的硒、多糖体等物质，对肿瘤细胞有很强的抑制作用，且具有免疫特性；平菇含有的多种维生素及矿物质，可以改善人体新陈代谢、增强体质、调节自主神经功能等作用，故可作为体弱患者的营养品。

营养成分表（每100克含量）

热量（千卡）	20	磷（毫克）	86
膳食纤维（克）	2.3	钠（毫克）	3.8
蛋白质（克）	1.9	硒（微克）	1.07
碳水化合物（克）	4.6	烟酸（毫克）	3.1
钙（毫克）	5	维生素C（毫克）	4
镁（毫克）	14	维生素E（毫克）	0.79
钾（毫克）	258	胡萝卜素（微克）	10

中医学认为

味甘，性温，归肝、胃经。

祛风散寒　舒筋活络

适于腰腿疼痛，手足麻木，筋络不通，肝炎，慢性胃炎。

良方妙方

胃癌

鲜平菇适量煮汤服食。

高血压

鲜平菇煮汤喝。

丝瓜蘑菇汤

主料

平菇……100克
丝瓜……250克
葱、姜、味精、盐……各适量
食用油……少许

做法

1 将丝瓜洗净，去皮棱，切开，去瓤，再切成段；平菇洗净，撕成小朵。

2 起油锅，将香菇略炒，加清水适量煮沸3～5分钟，入丝瓜稍煮，加葱、姜、盐、味精调味即成。

金针菇

金针菇又称毛柄金钱菌、金菇、智力菇等，为口蘑科针金菇属菌类。主要产于中国东北、华北一带。金针菇不仅味道鲜美，而且营养丰富，是拌凉菜和火锅食品的原料。

保健功效

金针菇含有较全面的人体必需氨基酸，其中赖氨酸和精氨酸含量尤其丰富，且含锌和铁量比较高，对儿童的身高和智力发育有良好的作用，有"智力菇"之称；含有丰富的朴菇素，可降低胆固醇，维护血管功能，增加对胰岛素的敏感性，降低血脂、血压及糖尿病并发症的发病率。

营养成分表（每100克含量）

热量（千卡）	26	钠（毫克）	4.3
碳水化合物（克）	6.0	维生素E（毫克）	1.14
镁（毫克）	17	胡萝卜素（微克）	30
钾（毫克）	195	铁（毫克）	1.4
磷（毫克）	97	锌（毫克）	0.39

中医学认为

味甘、咸，性寒，归脾、胃、肝经。

补肝　益肠胃　抗癌

适于肝病，胃肠道炎症，溃疡，肿瘤。

良方妙方

体质虚弱

水烧开，投瘦猪肉片250克煮沸，再入金针菇150克，加盐适量，菇熟可食。

肥胖

苦瓜150克，香菇、金针菇各100克，姜、酱油、糖适量。做菜佐餐，可降低胆固醇、降脂减肥。

黄瓜拌金针菇

主 料

金针菇……300克

黄瓜丝……50克

盐……2克

鸡精……1克

香油……2毫升

蒜茸……2克

做 法

1 将金针菇清洗干净改刀切成两段焯水。

2 黄瓜洗净切成细丝。

3 把金针菇和黄瓜丝放入容器中加盐、鸡精、香油、蒜茸拌匀即可。

草菇

草菇又称兰花菇、苞脚菇，为光柄菇科菌类。分布于中国南方，常生长在草堆上，现广为种植。草菇肉质脆嫩鲜美，素有"放一片，香一锅"之美誉，用于做菜肴、煮汤制作罐头等。

保健功效

草菇含有的蛋白质，有降低胆固醇和提高人体抗癌能力的功效；含丰富的维生素，能促进人体新陈代谢，提高人体免疫力，并具有解毒作用；能够减慢人体对碳水化合物的吸收，是糖尿病患者的良好食品；还能消食祛热、滋阴壮阳、促进创伤愈合、护肝健胃，是优良的食药兼用型营养保健食品。

中医学认为

味甘，性平，归脾、胃经。

清热解暑　补益气血

适于暑热烦渴，体质虚弱，头晕乏力，高血压。

营养成分表（每100克含量）

热量（千卡）	23	铁（毫克）	1.3
膳食纤维（克）	1.6	钾（毫克）	179
蛋白质（克）	2.7	磷（毫克）	33
钙（毫克）	17	钠（毫克）	73
镁（毫克）	21	烟酸（毫克）	8

 良方妙方

高血压

鲜草菇100克切片，用油、盐炒后，加水适量煮熟食。

消化道肿瘤

鲜草菇、猴头菇各60克切片，经入油、盐炒后，加水煮食。

草菇蛋花汤

主 料

草菇……100克

鸡蛋……2个

盐、水淀粉……各适量

料酒、食用油……各适量

葱末……适量

做 法

1 草菇洗净，切片；鸡蛋磕入碗中打散。

2 油锅烧热，爆香葱末，倒入草菇片炒3分钟至熟，加适量清水，盖锅盖焖煮5分钟，再加入蛋液略煮片刻，用水淀粉勾芡，加盐调味即可。

猴头菇

猴头菇又称猴头、猴头菌、花菜菌，为猴头菇属菌类。在中国分布广泛，喜生在阔叶林枯木上，现人工栽培。猴头菇与熊掌、海参、鱼翅并列为我国四大名菜食材，菌肉鲜嫩，用于做菜肴、煮汤、做糕饼等。

保健功效

猴头菇含不饱和脂肪酸，能降低血胆固醇和甘油三酰含量，调节血脂，利于血液循环，是心血管疾病患者的理想食品；含有的多糖、多肽物质，能抑制癌细胞中遗传物质的合成，从而预防和治疗消化道肿瘤和其他恶性肿瘤，且具有提高人体免疫力的功能，可延缓衰老。

中医学认为

味甘，性平，归脾、胃经。

健胃　补虚

抗癌　益肾精之

适于食少便溏，胃及十二指肠溃疡。

营养成分表（每100克含量）

成分	含量	成分	含量
热量（千卡）	13	钾（毫克）	8
膳食纤维（克）	4.2	磷（毫克）	37
蛋白质（克）	2	钠（毫克）	175.2
钙（毫克）	19	硒（微克）	1.28
镁（毫克）	5	维生素C（毫克）	4
铁（毫克）	2.8	维生素E（毫克）	0.46

良方妙方

脾胃虚弱

猴头菇60克，以温水浸软后，切成薄片，加水煎汤，稍加黄酒服。

食管癌

猴头菇、白花蛇舌草、藤梨根各60克。水煎汤服。

葱油猴头菇

主 料

猴头菇……250克
盐……2克
葱油……3克
味精……2克
香油……1克

做 法

1 将猴头蘑洗净，改刀切成块状焯水。

2 猴头蘑沥干水分，加盐、葱油、味精、香油拌匀即可。

双孢蘑菇

双孢蘑菇又称口蘑、麻菇、蘑菇草、肉蕈，为蘑菇属菌类。在中国主要产于河北、内蒙古、黑龙江、吉林、辽宁等地。用于做菜肴、煮汤等。

保健功效

双孢蘑菇中含有多种抗病毒成分，这些成分对辅助治疗由病毒引起的疾病有很好效果；双孢蘑菇是一种较好的减肥美容食品，它所含的大量植物纤维，具有防止便秘、促进排毒、预防糖尿病及大肠癌、降低胆固醇含量的作用。

中医学认为

味甘，性平，归肺、脾、胃经。

健脾补虚　宣肺止咳

适于头晕乏力，神倦纳呆，消化不良，咳嗽气喘，烦躁不安。

营养成分表（每100克含量）

热量（千卡）	242	锰（毫克）	5.96
膳食纤维（克）	17.2	锌（毫克）	9.04
蛋白质（克）	38.7	铜（毫克）	5.88
脂肪（克）	3.3	钾（毫克）	3106
碳水化合物（克）	31.6	磷（毫克）	1655
钙（毫克）	169	钠（毫克）	5.2
镁（毫克）	167	烟酸（毫克）	44.3
铁（毫克）	19.4	维生素 E（毫克）	8.57

 良方妙方

脾虚
体弱

鲜双孢蘑菇 150 克，猪肚 1 只。将猪肚洗净切片，双孢蘑菇洗净切两瓣。先炖猪肚，加盐少许，待八成熟，再放入双孢蘑菇煮熟即成。

口蘑冬瓜汤

主料

双孢蘑菇……50克

冬瓜……250克

枸杞子……10克

盐……5克

鸡精、香油、味精……各少许

做 法

1 将双孢蘑菇洗净，切成片；冬瓜洗净，去瓤，切厚片；枸杞子泡洗干净。

2 锅置火上，倒入适量清水烧开，放入双孢蘑菇片、冬瓜片、枸杞子煮15分钟后，加入调料调味即可。

口蘑芦笋汤

主料

双孢蘑菇……100克

鲜芦笋……200克

木耳……少许

盐、料酒……各5克

香油、味精……各少许

胡椒粉、鸡精……各少许

做 法

1 将双孢蘑菇洗净，切成片，焯水备用；芦笋洗净，去皮，切斜片；木耳水发后，切小朵。

2 锅内加适量清水烧开，放入双孢蘑菇片、芦笋片、木耳煮熟，加入调料调味即可。

木耳

木耳又称黑木耳、光木耳、树鸡，为木耳科菌类。在中国分布较广，喜生长在朽木上。它肉质细腻，滑脆爽口，具有较高的营养价值，又称为"素中之荤"，用于做菜肴、煮汤、晒制干品。

保健功效

常吃黑木耳能养血驻颜，令人肌肤红润，并可防治缺铁性贫血；还能减少血液凝块，预防血栓症的发生，有防治动脉粥样硬化和冠心病的作用。所含的胶质可把残留在人体消化道内的灰尘、杂质吸附集中起来排出体外，从而起到清胃涤肠的作用；还含有抗肿瘤活性物质，能增强人体免疫力，经常食用可防癌抗癌。

中医学认为

味甘，性平，归胃、大肠经。

补气血　润肺止血

适于气虚血亏，肺虚咳嗽，咯血，吐血，衄血，崩漏，高血压病。

营养成分表（每100克含量）

热量（千卡）	205	钾（毫克）	757
碳水化合物（克）	65.6	磷（毫克）	292
钙（毫克）	247	钠（毫克）	48.5
镁（毫克）	152	碘（干紫菜毫克）	6.6
铁（毫克）	97.4		

 良方妙方

贫血

黑木耳30克，红枣30枚，煮熟服食，加红糖调味。

眼流冷泪

木耳（烧存性）30克，木贼30克，为末。每服6克，以清米泔煎服。

山药黑木耳蜜豆

主 料

山药……150克

黑木耳……150克

甜蜜豆……100克

盐……5克

鸡精……2克

水淀粉……5毫升

香油……2毫升

葱、姜……各5克

食用油……适量

做 法

1 将山药去皮改刀成菱形片。

2 木耳泡软洗净，与甜蜜豆一起焯水。

3 锅内放入少量油，煸香葱、姜放入山药、甜蜜豆、黑木耳加盐、鸡精调好味中火翻炒熟即可。

银耳

银耳又称白木耳、雪耳、白耳子，为银耳科菌类。在中国主要分布于南方等地，现各地人工种植。银耳既是名贵的营养滋补佳品，又是扶正强壮之补药，有"菌中之冠"的美称，用于做菜肴、煮汤、晒制干品。

保健功效

银耳含有多种氨基酸和酸性异多糖等化合物，对久病初愈、体质虚弱、不宜用其他补药的病人尤为适宜。滋润而不腻滞是银耳药用的一大特点，清代张仁安称其"有麦冬之润而无其寒，有玉竹之甘而无其腻，诚润肺滋阴之要品"。此外，银耳还具有嫩肤美容之功效，对于保养皮肤、治疗雀斑和因皮肤干燥所引起的瘙痒症具有一定的作用。

中医学认为

味甘、淡，性平，归肺、胃、肾三经。

滋阴清热　润肺止咳

养胃生津　益气和血

适于虚劳咳嗽，痰中带血，虚热口渴。

营养成分表（每100克含量）

膳食纤维（克）	1.9	锌（毫克）	0.41
蛋白质（克）	1.4	钾（毫克）	213
钙（毫克）	10	磷（毫克）	42
镁（毫克）	10	钠（毫克）	3.1

 良方妙方

心悸

银耳9克，太子参15克，冰糖适量。水煎饮用。

咳嗽

银耳研末。每次服5～10克，日服2～3次。

百合银耳粥

主 料

百合……30克

银耳……10克

大米……50克

冰糖……适量

做 法

　　将银耳发开洗净，同大米、百合入锅中，加清水适量，文火煮至粥熟后，冰糖调服即可。

海带

海带又称昆布，为海带科海藻类。主要是海中自然生长的，也有人工养殖的，在中国北部及东南沿海有大量养殖。用于做菜肴、煮汤、晒干制品等，有"补碘冠军"的美誉。

保健功效

海带中含有大量的碘，是甲状腺功能低下者的最佳食品；含有大量的甘露醇，具有利尿消肿的作用，可防治肾功能衰竭、老年性水肿等，甘露醇与碘、钾、烟酸等协同作用，对防治动脉硬化、高血压、贫血、水肿等疾病都有较好的效果；含有大量的优质蛋白和不饱和脂肪酸，对心脏病、糖尿病有一定的防治作用；所含的胶质能促使体内的放射性物质随同大便排出体外，从而减少放射性物质在人体内的积聚。

营养成分表（每 100 克含量）

热量（千卡）	77	磷（毫克）	52
碳水化合物（克）	23.4	钠（毫克）	327.4
钙（毫克）	348	胡萝卜素（微克）	240
镁（毫克）	129	碘（湿海带，微克）	1.14
钾（毫克）	761		

中医学认为

味咸，性寒，归肝、胃、肾经。

软坚化痰　利水泄热

适于瘿瘤结核，疝瘕，水肿，脚气。

🍵 良方妙方

甲状腺肿

海带 30 克切碎，加清水煮烂，加盐少许，当菜下饭，常吃；或将海带用红糖腌食。

慢性咽炎

海带洗净切块煮熟，加白糖拌匀，腌 1 天后食，每日 2 次。

香拌海带丝

主 料

海带丝……200克
盐……2克
鸡精……2克
蒜茸……2克
香油……2克
花椒油……2克

做 法

1 将海带清洗干净在油盐水中煮熟。

2 将海带放凉后切成细丝，加入鸡精、盐、
蒜茸、香油、花椒油拌匀即可。

石莼

石莼又称海白菜、海青菜、青苔菜，为石莼科石莼属藻类。生长在海湾内中、低潮带的岩石上，在中国东海、南海分布多。用于做菜肴、煮汤、晒干制品等。

保健功效

石莼富含丰富的蛋白质和脂肪，还含有多种维生素和矿物质，具有清热解毒的作用，对于高血压以及高胆固醇等病变也有一定的防治效果；石莼含有一种褐藻胶和硒元素，可降低乳腺癌、冠心病、心脏病的风险。

中医学认为

味甘，性寒，归肾经。

利水消肿　软坚化痰

清热解毒

适于水肿，颈淋巴结肿大，瘿瘤，高血压。

营养成分表（每100克含量）

蛋白质（克）	16.03	磷（毫克）	0.6
戊聚糖（克）	12.27	铝（毫克）	0.8
钠（毫克）	4.9	铁（毫克）	1.6
钾（毫克）	2.90	钙（毫克）	1.8
硅（毫克）	1.70	镁（毫克）	22.1

🫖 良方妙方

颈淋巴结肿

石莼、铁钉菜、大青叶各15克。煎服。

喉炎

石莼15克，大青叶15克，蛇莓12克。煎服。

茯苓豆腐烩海白菜

主　料

石莼……300克

北豆腐……200克

葱……10克

姜……10克

海米……15克

盐……5克

鸡精……8克

胡椒粉、香油……各适量

茯苓……3克

做　法

1 北豆腐切块，海白菜泡好切成片备用。

2 锅内放入适量的水，加葱、姜、海米、石莼、北豆腐烧开，再放入盐、鸡精、胡椒粉、茯苓小火炖3分钟，出锅淋香油即可。

紫菜

紫菜又称索菜、子菜、紫英、海苔，为红毛藻科藻类。我国海域均有分布与人工种植。紫菜长期以来一直被视为珍贵海味之一，味道极为鲜美，用于做菜肴、煮汤、制作干品等。

保健功效

紫菜营养丰富，含碘量很高，富含胆碱和钙、镁、铁，能增强记忆，治疗妇幼贫血，促进骨骼、牙齿的生长和保健；所含的多糖可增强细胞免疫和体液免疫功能，促进淋巴细胞转化，提高人体的免疫力。

中医学认为

味甘、咸，性寒，归肺经。

化痰　　散结

清热　　利尿

适于瘿瘤，脚气，水肿，热淋。

营养成分表（每100克含量）

热量（千卡）	207	钾（毫克）	1796
膳食纤维（克）	21.6	磷（毫克）	350
蛋白质（克）	26.7	钠（毫克）	710.5
碳水化合物（克）	44.1	硒（微克）	7.22
钙（毫克）	264	烟酸（毫克）	7.3
镁（毫克）	105	维生素E（毫克）	1.82
铁（毫克）	54.9	胡萝卜素（微克）	1370
锰（毫克）	4.32	碘（干紫菜，毫克）	6.6
锌（毫克）	2.47		

良方妙方

肺热痰多

紫菜30克，萝卜1个。煮汤服。

高血压

紫菜、决明子各15克。水煎服。

海苔山药卷

主料

山药……200克
紫菜……50克
蜂蜜……10克

做法

1 将山药清洗干净，削去外皮蒸50分钟，把
蒸好的山药碾成山药泥加入蜂蜜放凉。

2 把紫菜平铺在案板上抹上山药泥卷成卷，
切成菱形即可。

PART 3

水果的
养生与保健

一看就懂
挑选新鲜水果的诀窍！

好的外观

我们在选择水果的时候，可选择一些颜色深的水果，往往水果的果肉颜色越深，营养价值就越大，所以在条件允许的情况下，应该优先选择深色水果。另外，应季的才是最好的，也就是要选择当季的水果。

好的水果一般都是中等大小的。太小的可能是发育不良，而且偏酸的多，太大的则生长过度，可能有些不该长的地方也长过头了，若水果上有黑斑、褐斑，最好不要。

如何选择新鲜水果

根据水果的色泽、部位特征、纹理形状等判断：例如无论什么水果，在蒂的部位凹得越厉害就越甜；颜色好看有光泽的；水果的根部凹，有一个圈圈的会比较甜。

根据水果的颜色

在选水果的时候，要坚持彩虹原则，即每天摄入三到五种水果，摄入不同颜色的水果，这样才能够保证营养的均衡。

闻水果

先闻有没有水果应该有的香味，也闻闻有没有其他的怪味，闻水果的底部，香气越浓表示水果越甜。未打蜡的水果果味清新自然，打蜡后的水果可能会有一股特别的药味。

触摸

自然鲜果捏起来紧实又有弹性，而经过打蜡的水果摸起来有黏手的感觉。

鲜果类

苹果

苹果又称奈子、平波，为蔷薇科苹果属多年生落叶乔木植物的果实。在中国北方种植。苹果酸甜可口，营养丰富，有"健康果"之称，用于生食、榨汁、做苹果醋、晒苹果干等。

保健功效

苹果中所含的胶质能保持血糖的稳定，还能有效地降低胆固醇；所含的多酚及黄酮类天然抗氧化物质，可以减少患癌的危险；特有的香味可以缓解压力过大造成的不良情绪，还有提神醒脑的功效；富含粗纤维，可促进肠胃蠕动，协助人体顺利排出废物，减少有害物质对皮肤的危害；含有大量的镁、铁等微量元素，可使皮肤细腻、润滑、红润有光泽。

中医学认为

味甘、酸，性凉，归脾、肺经。

| 生津 | 润肺 |
| 除烦解暑 | 止泻 |

适于中气不足，消化不良，气壅不通。

营养成分表（每100克含量）

| 热量（千卡） | 52 | 镁（毫克） | 4 |
| 钙（毫克） | 4 | 铁（毫克） | 0.6 |

良方妙方

高血压

苹果洗净后挤出苹果汁，每日3次，每次50～100毫升；或每日吃3次，每次250克，连续食用。

反胃痰多

新鲜苹果皮20～30克。水煎服。

苹果香蕉沙拉

主 料

苹果……150克

香蕉……100克

柠檬……半个

沙拉酱……50克

酸奶……1盒

做 法

1 将苹果洗净去皮切成滚刀块。

2 香蕉去皮切成滚刀块。

3 沙拉酱加酸奶、柠檬汁拌匀，放入苹果、香蕉中拌匀即可。

桃

桃又称桃子、桃实、寿桃，为蔷薇科李属多年生落叶小乔木植物的果实。在中国主产于北方。桃以其果形美观、肉质甜美被称为"五果之首"。桃品种很多，有黄桃、蟠桃、油桃等，用于鲜食，制作果汁、罐头、果脯等。

保健功效

桃有补益气血、养阴生津的作用，可用于大病之后气血亏虚、面黄肌瘦、心悸气短者；桃的含铁量较高，是缺铁性贫血患者的理想辅助食物；含钾多，含钠少，适合水肿患者食用。桃仁有活血化瘀、润肠通便的作用，可用于闭经、跌打损伤者的辅助治疗；桃仁提取物有抗凝血作用，并能抑制咳嗽中枢而止咳，同时能使血压下降，可用于高血压病患者的辅助治疗。

中医学认为

味甘、酸，性温，归肺、大肠经。

生津止渴　润肠通便

活血祛淤　消积

适于津少口渴，肠燥便秘，闭经，积聚。

营养成分表（每100克含量）

热量（千卡）	48	钠（毫克）	5.7
钙（毫克）	6	维生素C（毫克）	7
镁（毫克）	7	胡萝卜素（微克）	20
钾（毫克）	166	铁（毫克）	0.8
磷（毫克）	20		

良方妙方

虚劳喘咳

鲜桃3个，削去外皮，加冰糖30克，隔水炖烂后去核，每日1次。

高血压

鲜桃去皮、核，每日早晚各食1次，每次1～2个。

黄桃雪梨布丁

主 料

黄桃、雪梨……各1个
白糖、琼脂……各适量

做 法

1 黄桃、雪梨分别去皮、核，洗净，切块。

2 锅内倒入清水、黄桃块、雪梨块、白糖和
琼脂大火熬煮5分钟，倒入布丁模中待冷却
即可。

白梨

白梨又称鸭梨、鸭嘴梨，为蔷薇科梨属落叶小乔木植物的果实。在中国北方种植。白梨果实大而美，肉质细脆多汁，香甜，有"天然矿泉水"之称，用于鲜食、榨汁、制作果脯、罐头等。

保健功效

白梨中含有多种维生素，能保护心脏，减轻疲劳，增强心肌活力，降低血压；所含的鞣酸等成分，能祛痰止咳，对咽喉有养护作用；有较多糖类物质和多种维生素，易被人体吸收，增进食欲，对肝脏具有保护作用。白梨性凉并能清热镇静，常食能使血压恢复正常，改善头晕目眩贫血等症状；食白梨能预防动脉粥样硬化，抑制致癌物质亚硝胺的形成，从而防癌抗癌。

中医学认为

味甘、微酸，性凉，归肺、胃经。

生津润燥　清热化痰

适于热病伤津烦渴，燥热咳嗽，痰热惊狂。

营养成分表（每100克含量）

膳食纤维（克）	1.9	锌（毫克）	0.1
蛋白质（克）	0.2	钾（毫克）	77
钙（毫克）	4.0	磷（毫克）	14
镁（毫克）	5.0	钠（毫克）	2.1

 良方妙方

咳 嗽

将白梨挖洞，去梨核，装入60克蜂蜜，放入碗中，隔水蒸熟，睡前食用。

醉 酒

取鲜梨榨汁，连服150～300克。

菊花梨汤

主 料

白梨……3枚

砂糖……25克

菊花……20克

做 法

1 菊花用温水浸泡，备用。

2 将白梨洗净，去皮，切片，加水煎煮20分钟，放入菊花再煮5分钟，以砂糖调味，分2次服用，饮汤食梨。

雪花梨

雪花梨又称雪梨，为蔷薇科多年生乔木植物的果实。在中国北方种植，主要分布在河北省中南部。雪花梨肉厚汁多、味香甜，被誉为"天下第一梨"，用于鲜食、榨汁、制作果脯、罐头等。

保健功效

雪花梨含有多种维生素，能保护心脏，减轻疲劳，增强心肌活力，降低血压；所含的鞣酸等成分，能祛痰止咳，对咽喉有养护作用；含较多糖类物质和多种维生素，易被人体吸收，增进食欲，对肝脏具有保护作用；果胶含量很高，有助于消化、通利大便。

中医学认为

味甘、微酸，性凉，归肺、胃经。

生津润燥　清热化痰

适于热病伤阴或阴虚所致的干咳、口渴。

营养成分表（每100克含量）

蛋白质（克）	0.2	锌（毫克）	0.06
钙（毫克）	5	硒（微克）	0.18
磷（毫克）	6	维生素A（微克）	100
钾（毫克）	85	维生素C（毫克）	4
镁（毫克）	10	维生素E（毫克）	0.19

 ## 良方妙方

鼻出血

雪花梨2个，藕12克，瘦猪肉60克，加水煮食。每日1剂，连服7天。

小儿厌食

雪花梨2个，洗净去核去皮，切碎，同大米50克，生山楂30克，共煮粥食，连服1周。

番茄柳橙雪梨汁

主料

雪花梨……1/2个
番茄……2个
柳橙……1/2个
凉开水……150毫升

做法

1 番茄洗净，去蒂，切小块；柳橙洗净，去皮、籽，切小块；雪花梨洗净，去蒂、核，切小丁。

2 将切好的番茄、柳橙和雪花梨一同放入榨汁机中，加入凉开水，搅打成口感细滑状即可。

桑椹

桑椹又称桑椹子、桑枣、乌椹，为桑科多年生乔木桑树的果穗。在中国大部分地区均产，每年 4—6 月果穗呈红紫色时采收。桑椹有黑、白两种，用于鲜食、酿酒、做桑椹膏等。

保健功效

桑椹中的脂肪酸具有降低血脂、防止血管硬化等作用；含有乌发素，能使头发变得乌黑发亮；桑椹有改善皮肤（包括头皮）血液供应、营养肌肤、使皮肤白嫩等作用，并能延缓衰老；桑椹富含微量元素硒，可以防癌抗癌；常食桑椹可以明目，缓解眼睛疲劳干涩的症状。

中医学认为

味甘、酸，性寒，归肺、肝、肾经。

补肝益肾　生津润肠
乌发明目　止渴解毒

适于阴血不足，头晕目眩，盗汗，津伤口渴。

营养成分表（每100克含量）

成分	含量	成分	含量
热量（千卡）	49	钾（毫克）	32
膳食纤维（克）	4.1	磷（毫克）	33
蛋白质（克）	1.7	钠（毫克）	2
钙（毫克）	37	硒（微克）	5.65
铁（毫克）	0.4	维生素 E（毫克）	9.87
锰（毫克）	0.28	胡萝卜素（微克）	30

🍲 良方妙方

自汗盗汗

桑椹 10 克，五味子 10 克。水煎服，每日 2 次。

失眠健忘

桑椹 30 克，酸枣仁 15 克。水煎服，每晚 1 次。

桑椹红枣粥

主料

桑椹……20克　　冰糖……20克
红枣……10颗　　粳米……100克

做法

1 桑椹去杂质洗净，红枣洗净去核。

2 将粳米、桑椹、红枣放入锅中，置于武火上烧开，再用文火煮20分钟，加入冰糖，熬化即可。

桑椹百合饮

主料

桑椹……20克
百合……30克
冰糖……适量

做法

1 桑椹洗净，百合洗净。

2 将桑椹、百合同入锅中加300毫升水煮5分钟，加入冰糖再煮开即可。

山楂

山楂又称山里果、山里红，为蔷薇科多年生落叶乔木植物的成熟果实。在中国主要分布于北方。山楂是果药兼用型食品，色彩红润，有"胭脂果"之称，用于鲜食、晒山楂片，做果酱、山楂糕、冰糖葫芦等。

保健功效

山楂含有的类黄酮、山楂酸、柠檬酸等具有利尿、扩张血管、降低尿酸、降低血压的作用；山楂中所含的活性物质，还有助于降低血清胆固醇，防止动脉硬化、心肌梗死、高脂血症等心血管疾病；山楂中含有肌酯酶、黄酮类物质等，有助于糖尿病患者体内的胆固醇转化，可降糖降脂；所含的维生素C、胡萝卜素等物质能增强人体的免疫力，有防衰老、抗癌的作用。

中医学认为

味酸、甘，性微温，归脾、胃、肝经。

消食健胃　行气散瘀

适于肉食积滞，胃脘胀满，泻痢腹痛，瘀血经闭，产后瘀阻。

营养成分表（每100克含量）

热量（千卡）	95	磷（毫克）	24
钙（毫克）	52	维生素C（毫克）	53
镁（毫克）	19	维生素E（毫克）	7.32
钾（毫克）	299	胡萝卜素（微克）	100

🍲 良方妙方

食肉不消

山楂肉120克，水煮食之，并饮其汁。

高血压

金银花、菊花各30克，桑叶、山楂各15克。沸开水冲泡服。

山楂糕

主 料

山楂……200克

蜂蜜……10克

冰糖……50克

凝胶片……5克

做 法

1 山楂洗净去籽，蒸熟过箩成山楂泥。

2 锅中加少许水，放入山楂泥、凝胶片、冰糖熬成糊，放温后加蜂蜜搅拌均匀。

3 取不锈钢容器，把熬好的山楂糊倒入容器中，放凉定型后切块装盘即可。

樱桃

樱桃又称车厘子、莺桃、荆桃，为蔷薇科李属多年生木本植物的成熟果实。在中国主要分布在北方。樱桃成熟期早，有百果第一枝的美誉，味道甘甜而微酸，既可鲜食，又可腌制或作为其他菜肴食品的点缀。

保健功效

樱桃铁的含量较高，能促进血红蛋白再生，对贫血者有一定的补益作用，还可以增强体质，健脑益智，具有很好的美容和营养保健作用。

中医学认为

味甘，性热，归脾、胃经。

发汗   益气

祛风   和胃

适于脾虚泄泻，肾虚遗精，腰腿疼痛。

营养成分表（每100克含量）

成分	含量	成分	含量
热量（千卡）	46	钾（毫克）	232
蛋白质（克）	1.1	磷（毫克）	27
钙（毫克）	11	钠（毫克）	8
镁（毫克）	12	硒（微克）	0.21
铁（毫克）	0.4	烟酸（毫克）	0.6
锰（毫克）	0.07	维生素C（毫克）	10
锌（毫克）	0.23	维生素E（毫克）	2.22
铜（毫克）	0.1	胡萝卜素（微克）	210

良方妙方

咽喉炎

早晚各嚼食樱桃鲜果50克左右。

伤口溃疡

将90～150克鲜樱桃捣烂，水煎1小时后涂洗皮肤伤口处。

樱桃银耳汤

主 料

银耳……30克
红樱桃脯……20克
冰糖……适量

做 法

1 银耳用温水泡发后去掉耳根，洗净，上蒸笼蒸10分钟。

2 汤锅加清水、冰糖，文火溶化后放入樱桃脯，再用武火烧沸，起锅倒入银耳碗内即可。

枇杷

枇杷又称芦橘、金丸、芦枝，为蔷薇科多年生乔木植物的果实。在中国各地广泛栽培，四川、湖北有野生者。成熟的果实色泽鲜黄、酸甜适口，用于鲜食，亦有以枇杷肉制成糖水罐头，或以枇杷酿酒。

保健功效

枇杷富含人体所需的营养素，是营养丰富的保健水果，食之可以为人体补充营养，提高机体抗病能力，发挥强身健体的作用；所含的苹果酸、柠檬酸等多种有机酸，能刺激消化液分泌，可以帮助消化，增进食欲；富含多种维生素，能够促进新陈代谢，帮助脂肪分解，是很好的减肥果品；枇杷果和枇杷叶中都含有一种能够抑制流感病毒的成分，可以有效预防感冒。

中医学认为

味甘、酸，性平，归肺、胃经。

润肺止咳　生津消渴

和胃降逆　润肤消食

适于肺热咳嗽，咽干口渴，胃阴不足。

营养成分表（每100克含量）

蛋白质（克）	0.8	镁（毫克）	10
维生素C（毫克）	8	铁（毫克）	1.1
钙（毫克）	17	锰（毫克）	0.34
钾（毫克）	122	硒（微克）	0.72

 ## 良方妙方

咳嗽

枇杷核9～15克，捣烂，加生姜3片。水煎，去渣服，早晚各1次。

扁桃体发炎

鲜枇杷50克，洗净去皮，加冰糖5克，熬半小时后服用。

枇杷蜂蜜饮

主 料

枇杷……5个

蜂蜜……适量

做 法

　　将枇杷洗净，去皮，去子，切成丁，放入榨汁机中，倒入凉开水榨汁。根据个人口味，加适量蜂蜜调味即可。

银耳枇杷汤

主 料

水发银耳……150克

枇杷罐头……50克

葱段、姜片……各适量

冰糖……30克

做 法

1　水发银耳去蒂，加葱段、姜片煮30分钟捞出，切成小朵；枇杷捞出，切片。

2　锅置火上，倒入清水750毫升烧开，加入枇杷片、银耳烧开，再放入冰糖，煮开后放入蒸笼中，蒸至银耳软烂即可。

草莓

草莓又称凤梨草莓，为蔷薇科多年生草本植物。原产南美、欧洲等地，现在中国各地都有栽培，也有野生的。草莓鲜美红嫩，酸甜可口，香味浓郁，被誉为"水果皇后"。用于鲜食、制作草莓酱等。

保健功效

草莓中富含丰富的膳食纤维，可促进胃肠道的蠕动，促进胃肠道内的食物消化，改善便秘，预防痤疮、肠癌的发生；富含丰富的胡萝卜素与维生素A，可缓解夜盲症，具有促进生长发育之效；草莓对胃肠道和贫血均有一定的滋补调理作用。

营养成分表（每100克含量）

成分	含量	成分	含量
热量（千卡）	30	磷（毫克）	27
膳食纤维（克）	1.1	钠（毫克）	4.2
蛋白质（克）	1.0	维生素A（微克）	5
钙（毫克）	18	维生素C（毫克）	47
镁（毫克）	12	维生素E（毫克）	0.71
铁（毫克）	1.8	胡萝卜素（微克）	30
钾（毫克）	131		

中医学认为

味甘、酸，性凉，归肺、脾经。

健脾　消暑

解热　利尿

适于风热咳嗽，口舌糜烂，咽喉肿毒，便秘。

良方妙方

脾胃不和

鲜草莓200克，鲜橘子10克，白糖100克，水500毫升。橘子剥皮、分瓣，与鲜草莓同放入砂锅中，加白糖、水，用旺火煮开3分钟即可盛起，温热后饮用。

草莓柠檬汁

主 料

草莓……10个

柠檬……半个

做 法

1 草莓先在淡盐水中浸泡10分钟，再用清水洗净，去蒂切成小块；柠檬洗净，切成小块。

2 将草莓和柠檬放进榨汁机中，倒入少量凉开水，榨汁即可。

草莓绿豆糯米粥

主 料

草莓……250克　　糯米……250克

绿豆……100克　　白糖……适量

做 法

1 将绿豆挑去杂质，淘洗干净，用清水浸泡4小时，草莓择洗干净。

2 糯米淘洗干净，与泡好的绿豆一并放入锅内，加入适量清水，用武火烧沸后，转文火煮至米粒开花、绿豆酥烂，加入草莓、白糖搅匀，稍煮一会儿即成。

金橘

金橘又称金枣、金柑，为芸香科常绿灌木的果实。在中国南方各地均有栽种。金橘不用剥皮即可食用，气味芳香、酸甜可口，用于鲜食、制作果汁、果酱、橘皮酒等。

保健功效

金橘果实含丰富的胡萝卜素，可预防血管病变及癌症，更能理气止咳、健胃、化痰、预防哮喘及支气管炎；适量食用能强化微血管弹性，可作为高血压、血管硬化、心脏疾病之辅助调养食物。金橘所含的 80% 的维生素 C 都存于果皮中，果皮对解肝脏之毒、养护眼睛、免疫系统之保健皆颇具功效。

中医学认为

味酸、甘，性温，归肝、肺、脾、胃经。

理气止痛　疏肝解郁
化痰止咳　生津止渴

适于胸闷郁结，食滞胃呆，胸胁胀满。

营养成分表（每100克含量）

成分	含量	成分	含量
热量（千卡）	30	磷（毫克）	27
钙（毫克）	18	钠（毫克）	4.2
镁（毫克）	12	维生素 C（毫克）	47
铁（毫克）	1.8	维生素 E（毫克）	0.71
钾（毫克）	131	胡萝卜素（微克）	30

良方妙方

呕吐

金橘皮、生姜、灶心土（另包）各 9 克。水煎服。

口臭

金橘连皮带肉 6 个，捣烂取汁代茶饮。

金橘甜绿茶

主 料

金橘……50克
枸杞子……10克
柠檬……2片
绿茶……1小包
冰糖……1小匙

做 法

1 枸杞子洗净，用水泡软；金橘洗净，与枸杞子一起
放入果汁机中，加入冷开水500毫升，搅拌成泥。

2 再倒入锅中，用小火煮滚，放入冰糖，煮至溶化后
熄火。

3 在杯中放入绿茶茶包，放入柠檬片，冲入熬好的汤
汁，约3分钟后，取出茶包，搅拌均匀，即可饮用。

柑橘

　　柑橘又称橘子，为芸香科多年生乔木柑橘的成熟果实。中国是重要原产地之一。柑橘资源丰富，优良品种繁多，有 4000 多年的栽培历史，用于鲜食、制作果汁、糖水橘瓣罐头、蜜饯和果酒等。

保健功效

　　柑橘中含有的挥发油、柠檬烯，可以促进呼吸道黏膜分泌增加，并能缓解支气管痉挛，利于痰液的排出，起到祛痰、止咳、平喘的作用；富含维生素 C 与柠檬酸，前者具有美容作用，后者则具有消除疲劳的作用；柑橘内侧薄皮含有膳食纤维及果胶，可以促进通便，并且可以降低胆固醇；橘皮苷可以加强毛细血管的韧性、降血压、扩张心脏的冠状动脉，故柑橘是预防冠心病和动脉硬化的食品。

中医学认为

味甘、酸，性温，归肺、胃经。

开胃　　止咳润肺

适于胸膈结气，呕逆少食，胃阴不足。

营养成分表（每100克含量）

蛋白质（克）	0.9	钙（毫克）	56
维生素C（毫克）	34	磷（毫克）	8

良方妙方

慢性支气管炎

　　橘皮 5 ~ 15 克。泡水当茶饮，常用。

咳嗽

　　干橘皮 5 克，加水 2 杯煎汤后，放少量姜末、红糖趁热服用；也可取鲜橘皮适量，切碎后用开水冲泡，加入白糖代茶饮。

柑橘柠檬酸奶

主 料

新鲜柑橘……1个
浓缩的柠檬汁……200毫升
酸奶……200毫升
白糖……适量

做 法

1 柑橘洗净，剥皮，分成瓣。

2 柠檬汁用搅拌机搅拌1分钟，然后加入酸奶，再搅拌10秒钟，倒入碗中。

3 放入新鲜柑橘瓣，加白糖即可。

橙子

橙子又称为黄果、柑子，为芸香科多年生乔木橙树的果实。在中国南方普遍种植。橙子颜色鲜艳，酸甜可口，外观整齐漂亮，有"疗疾佳果"之称，用于鲜食、制作果汁等。

保健功效

橙子含有大量维生素 C 和胡萝卜素，可以抑制致癌物质的形成，还能软化和保护血管，促进血液循环，降低胆固醇和血脂；含有特定的化学成分类黄酮，可以促进高密度脂蛋白（HDL）增加，并运送低密度脂蛋白（LDL）到体外；经常食用橙子对预防胆囊疾病有效；橙子发出的气味有利于缓解人们的心理压力。

中医学认为

味甘、微酸，性微凉，归肝经。

生津止渴　助消化

适于胃阴不足，口渴心烦，饮酒过度。

营养成分表（每100克含量）

热量（千卡）	47	钠（毫克）	1.2
钙（毫克）	20	硒（微克）	0.31
镁（毫克）	14	维生素C（毫克）	33
钾（毫克）	159	维生素E（毫克）	0.56
磷（毫克）	22	胡萝卜素（微克）	160

 良方妙方

胃胀呕吐

鲜橙汁 50 ～ 100 毫升，生姜汁 2 毫升。混匀后加热温服。每日 2 ～ 3 次。

恶心呕吐

橙子 3 ～ 4 个，去皮、核，切碎，加鸡蛋清、食盐、蜂蜜各适量，煎熟食之。

鲜橙红枣银耳汤

主 料

橙子……200克

红枣……50克

银耳……100克

枸杞子……5克

马蹄……20克

冰糖……20克

蜂蜜……15毫升

做 法

1 鲜橙切成小粒，马蹄洗净去皮切成小粒备用；银耳泡软焯水。

2 锅置火上，加清水、红枣、枸杞子、马蹄粒、冰糖熬制20分钟，银耳软烂即可装入碗中，鲜橙粒撒在银耳上即可。

柚子

柚子又称文旦、香栾，为芸香科多年生乔木柚的果实。在中国南方种植，以广西沙田柚为上品。柚子味道酸甜，略带苦味，是医学界公认的最具食疗价值的水果，用于鲜食、制作果汁等。

保健功效

柚子中含有大量的维生素C，能降低血液中胆固醇；所含的果胶不仅可降低低密度脂蛋白胆固醇水平，而且可以减少动脉壁的损坏程度；柚子还有增强体质的功效，并帮助身体更容易吸收钙及铁，且含有天然叶酸，有预防孕妇贫血症状发生和促进胎儿发育的功效；新鲜的柚子肉中含有类似于胰岛素的成分，能降低血糖。

中医学认为

味甘、酸，性寒，归肺、胃经。

润肺清肠　理气化痰

健脾补血

适于缺乏食欲，食积，腹胀，咳嗽痰多，痢疾。

营养成分表（每100克含量）

热量（千卡）	41	磷（毫克）	24
蛋白质（克）	0.8	钠（毫克）	3
钙（毫克）	4	硒（微克）	0.7
镁（毫克）	4	维生素C（毫克）	23
钾（毫克）	119	胡萝卜素（微克）	10

良方妙方

肺热咳嗽

柚子100克，大生梨100克，蜂蜜少许。将上述用料一同洗净后煮烂，加蜂蜜或冰糖调服。

消化不良

柚子皮15克，鸡内金、山楂各10克，砂仁5克。水煎服。

白菜柚子汤

主 料

柚子肉……100克

白菜……60克

猪瘦肉……250克

盐、高汤……各适量

做 法

1 白菜洗净，切丝；猪瘦肉洗净，切末；柚子肉切成小块。

2 锅置火上，放入适量高汤煮沸后，再下猪肉末、白菜丝、柚子肉，用中火同煮至熟，加盐调味即可。

柠檬

柠檬又称柠果、洋柠檬、益母果，为芸香科多年生乔木柠檬的果实。在中国南方种植。柠檬的果实汁多肉脆，有浓郁的芳香气。因为味道过酸，故只能作为上等调味料，用来调制饮料、菜肴等。

保健功效

柠檬中含有丰富的有机酸，其味极酸，有很强的杀菌作用，对保持食品卫生很有好处；柠檬富有香气，能祛除肉类、水产的腥膻之气，并能使肉质更加细嫩；柠檬能促进胃中蛋白分解酶的分泌，增加胃肠蠕动；柠檬能缓解钙离子促使血液凝固的作用，可预防和治疗高血压和心肌梗死。

中医学认为

味甘、酸，性微寒，归肝、胃经。

清热润肺　生津止渴

祛痰止咳　健脾和胃

适于脾胃失调，缺乏食欲，暑热烦渴，感冒。

营养成分表（每100克含量）

热量（千卡）	35	钾（毫克）	209
蛋白质（克）	1.1	磷（毫克）	22
脂肪（克）	1.2	钠（毫克）	1.1
钙（毫克）	101	维生素C（毫克）	22
镁（毫克）	37	维生素E（毫克）	1.14

良方妙方

醉 酒

用新鲜带皮柠檬60克，新鲜甘蔗250克。切碎略捣，绞汁后徐徐服用。

咽喉炎

新鲜柠檬去皮捣烂，泡开水当茶喝。

柠檬冰糖饮

主料

柠檬……1个
矿泉水……适量
冰糖……适量

做法

　　柠檬洗净切片，放进榨汁机中加适量矿泉水榨汁，加入冰糖，调匀即可饮用。

芹菜柠檬汁

主料

芹菜（连叶）……30克
柠檬……半个
苹果……1个
盐、冰片……各少许

做法

1 芹菜选用新鲜的嫩叶，洗净后切段；柠檬、苹果洗净去皮。

2 将柠檬、苹果、芹菜段全部放进压榨器中榨汁。

3 加入少许盐与冰片，调匀即可饮用。

杧果

杧果又称庵罗果、檬果、香盖，为漆树科多年生乔木杧果的成熟果实。在中国南方热带地区种植。杧果汁多酸甜，香气扑鼻，被誉为"热带果王"，用于鲜食、制作果汁、果脯、糖果等。

保健功效

杧果中含维生素 C 较多，有利于防治心血管疾病；所含糖类、维生素非常丰富，尤其是胡萝卜素的含量较高，具有明目的作用；所含的杧果苷有祛痰止咳的功效，对咳嗽、痰多、气喘等症有辅助的治疗作用；含有大量的膳食纤维，可防治便秘。

中医学认为

味甘、酸，性凉，归胃、脾、膀胱经。

益胃　止呕

解渴　利尿

适于口渴咽干，食欲不振，消化不良。

营养成分表（每100克含量）

蛋白质（克）	1.6	铁（毫克）	0.4
脂肪（克）	0.2	镁（毫克）	16
碳水化合物（克）	5.6	锌（毫克）	0.33
膳食纤维（克）	4.3	锰（毫克）	0.6
维生素C（毫克）	35	硒（微克）	0.64
钾（毫克）	226	硒（微克）	0.64
钠（毫克）	6.5	胡萝卜素（微克）	897

良方妙方

气逆呕吐

杧果片 30 克，生姜 5 片。水煎服，每日 3 次。

湿疹

将杧果皮加水共煎，熏洗患处，每日 3 次。

鲜果时蔬汁

主 料

杧果……1个
黄瓜、胡萝卜……各1根
白糖……适量

做 法

1 杧果洗净，去皮取果肉；黄瓜、胡萝卜分别洗净，切段。

2 榨汁机内放入少量矿泉水、黄瓜、胡萝卜，以及杧果果肉榨汁，加白糖拌匀即可。

荔枝

荔枝又称丹荔、离枝、火山荔，为无患子科常绿乔木荔枝的果实。我国南方种植。荔枝肉嫩多汁、甘甜味美，有"岭南果王"的美誉，用于鲜食、制作罐头、糖果等。

保健功效

荔枝所含丰富的糖分具有补充热量、增加营养的作用，能明显改善失眠、健忘、神经疲劳等症；含丰富的维生素C和蛋白质，有助于增强人体免疫功能；含丰富的维生素，可促进微细血管的血液循环，防止雀斑的发生，令皮肤更加光滑。

中医学认为

味甘，性平，归心、脾、肝经。

补脾益肝　生津止渴
益心养血　理气止痛

适于脾虚久泻，烦渴，呃逆，畏寒疼痛。

营养成分表（每100克含量）

热量（千卡）	70	磷（毫克）	24
膳食纤维（克）	0.5	钠（毫克）	1.7
蛋白质（克）	0.9	硒（微克）	0.14
钙（毫克）	2	烟酸（毫克）	1.1
镁（毫克）	12	维生素C（毫克）	41
钾（毫克）	151	胡萝卜素（微克）	10

良方妙方

呃逆不止

荔枝7个，连皮核烧存性，为末，白汤调下。

疔疮恶肿

荔枝肉、白梅各3个，捣作饼子，贴于疮上。

荔枝桂圆粥

主 料

大米……100克
荔枝、桂圆肉……各50克
白糖……适量

做 法

1 将大米淘洗干净；荔枝去皮去核，桂圆肉洗干净。

2 砂锅置火上，放入适量清水，烧开下大米，然后放入荔枝、桂圆肉，煮开后，改用小火。

3 当大米快烂时，加入适量白糖，继续煮至粥稠时即可。

龙眼

龙眼又称桂圆、亚荔枝，为无患子科多年生乔木龙眼的成熟果实。在中国南部及西南部种植。新鲜的龙眼肉质极嫩，汁多甜蜜，美味可口，用于鲜食、煎汤、熬膏或浸酒等。

保健功效

龙眼所含物质除营养较全外，特别对脑细胞有补养作用，可增强记忆，消除疲劳；含丰富的葡萄糖、蔗糖、蛋白质，以及铁元素和多种维生素等物质，既可补充热能又能补充机体合成血红蛋白的原料，因而有补血生血作用；含有大量的维生素和氨基酸等营养物质，有助于抗衰老的作用。

中医学认为

味甘，性温，
归心、脾经。

壮阳益气　补益心脾

养血安神　润肤美容

适于贫血，心悸，失眠，健忘。

营养成分表（每100克含量）

成分	含量	成分	含量
蛋白质（克）	1.6	维生素 C（毫克）	35
脂肪（克）	0.2	钾（毫克）	226
碳水化合物（克）	5.6	钠（毫克）	6.5
膳食纤维（克）	4.3	铁（毫克）	0.4
维生素 B_1（毫克）	0.13	镁（毫克）	16
维生素 B_2（毫克）	0.06	硒（微克）	0.64

良方妙方

浮肿

取龙眼 12 克，大枣 10 枚，白茯苓 10 克。水煎服，每日 1 剂。

白发

龙眼 10 粒，黑木耳 3 克，加冰糖适量。煨汤，内服。

龙眼红枣莲子羹

主 料

龙眼……20克

红枣……20克

莲子……20克

矿泉水……1000毫升

蜂蜜……50克

白糖……15克

做 法

1 莲子用清水浸泡1个小时，表皮发软去莲心。

2 龙眼去壳取肉备用。

3 红枣洗净加少许清水蒸10分钟。

4 锅内放适量水，放入龙眼、红枣、莲子、蜂蜜、白糖熬10分钟即可。

枣

枣又称大枣、红枣、枣子，为鼠李科小乔木枣的成熟果实。在中国大部分地区种植。枣维生素含量高，有"天然维生素水果"之称，用于鲜食，晒干果、制作蜜饯、果脯等。

保健功效

枣含有丰富的糖类、多种维生素、微量元素等，能提高白细胞内环腺苷酸（cAMP）含量，增强机体免疫力，还有抗变态反应功能；枣中含有的黄酮双葡萄糖苷 A 有镇静、催眠和降压作用；鲜枣富含维生素 C，而维生素 C 可以抑制体内致癌物质的活动力，因此食枣对于抗癌防癌有着很重要的作用；所含的维生素 P，对于防治高血压及心血管疾病是大有益处的。

中医学认为

味甘，性温，归脾、胃、心经。

补中益气　养血安神

适于脾虚食少，乏力便溏，妇人脏躁。

营养成分表（每100克含量）

蛋白质（克）	1.4	镁（毫克）	25.0
碳水化合物（克）	33.1	锌（毫克）	1.82
膳食纤维（克）	1.4	硒（毫克）	1.02
钙（毫克）	16.0	维生素 A（毫克）	40.0
磷（毫克）	51.0	维生素 C（毫克）	297
钾（毫克）	127	维生素 E（毫克）	0.1
钠（毫克）	7.0	维生素 P（毫克）	320

良方妙方

过敏性紫癜

枣 10 枚。煎服，每日 3 次。

高胆固醇血症

枣、芹菜根适量。煎汤，常服。

马蹄枣糕

主 料

金丝小枣……300克
马蹄粉……150克
冰糖……100克
矿泉水……1500毫升

做 法

1 金丝小枣洗净切丝备用。

2 马蹄粉加入矿泉水、冰糖调成
稀糊倒入容器中，撒上金丝小
枣丝入蒸箱蒸30分钟取出，放
凉后切成块即可。

扁豆枣肉糕

主 料

白扁豆……100克
枣……200克
糯米粉……500克
白糖……250克

做 法

1 将白扁豆洗净，加水用搅拌机搅
成糊状。

2 枣洗净，煮熟，去皮、去核，研
成枣泥。

3 将白扁豆糊与糯米粉、白糖、枣
泥加水和匀，放入沸水蒸锅中，大火
蒸10分钟即可。

葡萄

葡萄又称草龙珠、山葫芦、蒲桃、菩提子，为葡萄科多年生藤本植物葡萄的成熟果实。在中国北方种植，品种较多。葡萄果色艳丽、汁多味美、营养丰富，有"水晶明珠"的美称，用于生食、制葡萄干、酿酒等。

保健功效

葡萄中的糖主要是葡萄糖，能很快被人体吸收，当人体出现低血糖时，若及时饮用葡萄汁，可很快使症状缓解；葡萄能很好地阻止血栓形成，并且能降低人体血清胆固醇水平，降低血小板的凝聚力，对预防心脑血管病有一定作用；葡萄中含的类黄酮是一种强抗氧化剂，可抗衰老，并可清除体内自由基。

中医学认为

味甘、酸，性平，归肺、脾、肾经。

滋阴生津　补益气血

强筋骨　通淋

适于热病伤阴，肝肾阴虚，腰腿酸软，神疲。

营养成分表（每100克含量）

成分	含量	成分	含量
热量（千卡）	43	磷（毫克）	13
钙（毫克）	5	钠（毫克）	1.3
镁（毫克）	8	维生素C（毫克）	25
铁（毫克）	0.4	维生素E（毫克）	0.7
钾（毫克）	104	胡萝卜素（微克）	50

良方妙方

神经衰弱

葡萄干50克，枸杞子30克。洗净后放入碗内，蒸熟食用，每日1次，可连服用。

血小板减少

饮服葡萄酒10～15克，每日2～3次。

葡萄三明治

主 料

全麦面包……1个

葡萄干、葡萄果酱……各适量

乳酪粉、生菜、西红柿……各适量

做 法

1 将全麦面包放入微波炉或者烤箱中略烤一下，取出切成片。

2 先在一片烤面包的表面抹上一层葡萄果酱，然后把葡萄干、西红柿、生菜放在上面，再撒上适量乳酪粉，用另一面包片夹着即可食用。

葡萄汁

主 料

葡萄……150克

苹果……1/2个

做 法

1 葡萄洗净去皮去籽，苹果洗净去皮去核切小块。

2 将两种水果分别放入榨汁机中榨汁，然后将两种果汁混合煮沸。

3 按1∶1的比例兑入白开水，即可饮用。

中华猕猴桃

中华猕猴桃又称猕猴桃、奇异果，为猕猴桃科多年生藤本植物猕猴桃的成熟果实。在中国主要产于河南、陕西、湖南等地。猕猴桃酸甜适口，有"维 C 之王"之称，用于鲜食、制作果汁等。

保健功效

中华猕猴桃是一种营养价值极高的水果，它含有很多对人体健康有益的矿物质，包括丰富的钾、镁、铜、钙、铁，还含有胡萝卜素和维生素 C、维生素 E。多食用猕猴桃可促进钙的吸收，预防老年骨质疏松，抑制胆固醇的沉积，从而防治动脉硬化，还能阻止体内产生过多的过氧化物，防止老年斑的形成，延缓人体衰老。

中医学认为

味酸、甘，性寒，归脾、胃经。

解热　止渴　健胃　通淋

适于烦热，消渴，肺热干咳，消化不良。

营养成分表（每100克含量）

热量（千卡）	56	钾（毫克）	144
膳食纤维（克）	2.6	磷（毫克）	26
钙（毫克）	27	钠（毫克）	10
镁（毫克）	12	维生素 C（毫克）	62
铁（毫克）	1.2	维生素 E（毫克）	2.43
铜（毫克）	1.87	胡萝卜素（微克）	130

 良方妙方

烦热口渴

中华猕猴桃 30 克。水煎服。

尿路结石

中华猕猴桃 15 克。水煎服。

猕猴桃汁

主　料

中华猕猴桃……2个
白糖……适量

做　法

　　将中华猕猴桃洗干净，去皮，与凉开水一起放入榨汁机中榨出果汁，倒入杯中，加入白糖即可饮用。

木瓜

木瓜又称乳瓜、木梨、文冠果，为蔷薇科多年生小乔木木瓜的成熟果实。在中国产于南方一带，北方保护地有引种。木瓜果肉厚实细腻、香气浓郁，有"万寿瓜"之雅称。成熟果实用于鲜食、榨果汁等，青果实可做蔬菜食用。

保健功效

木瓜中含有丰富的胡萝卜素，在体内可转化为维生素 A，具有维持正常视力、保持皮肤和黏膜健康的功效；含有的木瓜蛋白酶，能消化蛋白质，有利于人体对食物进行消化和吸收，故有健脾消食之功效；含有的凝乳酶有通乳作用；含有的番木瓜碱具有抗菌、抗肿瘤的功效，还可缓解痉挛疼痛，对腓肠肌痉挛有明显的治疗作用。

中医学认为

味甘，性平，归肝、脾经。

| 消积 | 驱虫 |
| 清热 | 祛风 |

适于胃痛，消化不良，肺热干咳，乳汁不通。

营养成分表（每100克含量）

热量（千卡）	27	钠（毫克）	28
钙（毫克）	17	硒（微克）	1.8
镁（毫克）	9	维生素 C（毫克）	43
钾（毫克）	18	维生素 E（毫克）	0.3
磷（毫克）	12	胡萝卜素（微克）	870

 良方妙方

咳嗽

鲜熟木瓜1个，去皮后蒸熟，加蜜糖服食。

风湿关节炎

木瓜10克，牛膝、巴戟天各9克，鸡血藤30克。水煎服，每日2次。

木瓜泥

主 料

木瓜……1个
牛奶……适量

做 法

1 木瓜洗净，去皮、去籽，上锅
蒸7~8分钟，至筷子可轻松
插入时，即可离火。

2 用勺背将蒸好的木瓜压成泥，
拌入牛奶即可。

木瓜炖雪蛤

主 料

木瓜……1个   水……1杯
雪蛤油……2~3克   冰糖……适量
鲜奶……1杯

做 法

1 雪蛤油泡发至白色半透明的状态，
备用。

2 木瓜洗干净外皮，在顶部切出2/5作盖，木瓜盅切成锯齿状，挖出核和
瓤，木瓜放入炖盅内。

3 冰糖和水一起煲溶，然后放入雪蛤膏煲半小时，再加入鲜奶，滚后注入木
瓜盅内，加盖，用牙签插实木瓜盖，隔水炖至水开后20分钟左右即可。

火龙果

火龙果又称红龙果、青龙果、仙蜜果，为仙人掌科多年生攀缘性多肉植物火龙果的成熟果实。原产地中美洲，在中国南方热带种植，北方保护地有引种。用于鲜食、酿酒、制罐头、果酱等。

保健功效

火龙果中富含植物性白蛋白，会自动与人体内的重金属离子结合，通过排泄系统排出体外，从而起解毒作用；果实中的花青素含量较高，能有效防止血管硬化，从而可阻止心脏病发作和血凝块形成引起的脑中风；富含美白皮肤的维生素C及丰富的具有减肥、降低血糖、润肠、预防大肠癌的水溶性膳食纤维；含铁量比一般的水果要高，可以预防贫血。

中医学认为

味甘，性凉，归胃、大肠经。

排毒　抗衰老

适于咳嗽，气喘，便秘，老年病变。

营养成分表（每100克含量）

成分	含量	成分	含量
脂肪（克）	1.21	镁（毫克）	30
膳食纤维（克）	1.62	硒（微克）	3.36
钙（毫克）	8.7	铁（毫克）	1.3
磷（毫克）	25.5	维生素C（毫克）	7.2
钾（毫克）	20	维生素E（毫克）	0.14
钠（毫克）	2.7		

🍲 良方妙方

提高免疫力

番薯100克切成小方块，隔水蒸熟；火龙果100克切成与番薯同等大小的方块，与蒸熟了的番薯一起装碗，淋上牛奶250毫升即可食用。

水果鸡蛋羹

主 料

火龙果……20克

西瓜……20克

菠萝……20克

鸡蛋……4个

盐……2克

做 法

1 火龙果、西瓜、菠萝取肉切成小粒。

2 鸡蛋打散加3倍温水加盐打均匀，上蒸屉蒸8分钟，表面定型后放入切好的水果粒再蒸半分钟使水果香气融入蛋羹即可。

蓝莓

蓝莓又称都柿、甸果，为杜鹃花科多年生灌木小浆果果树的成熟果实。在中国分布于西北、东北等地。果肉酸甜有香味，被国际粮农组织列为人类五大健康食品之一，用于鲜食、制作蓝莓酱等。

保健功效

蓝莓含大量的水溶性膳食纤维，可以促进肠道蠕动，防治便秘；含有大量的抗氧化剂，可中和体内自由基，增强免疫系统；富含的多酚类物质可分解腹部脂肪，有助于控制体重；富含的类黄酮可缓解老年性记忆衰退；富含的微量元素锰，对骨骼发育起到关键作用，所含的花青素可遏制肿瘤细胞生长。

中医学认为

味甘、微酸，性平，归脾、胃经。

保护视力　消肿

适于伤风咳嗽，咽喉肿痛，眼睛疲劳，视力减退，记忆力减退。

营养成分表（每100克含量）

成分	含量	成分	含量
蛋白质（克）	0.67	磷（毫克）	10.0
脂肪（克）	0.38	钾（毫克）	89.0
膳食纤维（克）	3.3	钠（毫克）	10.0
维生素A（微克）	9.0	镁（毫克）	5.0
维生素C（毫克）	13.0	锰（毫克）	0.26
钙（毫克）	6.0		

良方妙方

提高
记忆力

将1杯燕麦煮熟，加入梨汁放凉作为酱汁，苹果丁200克，新鲜蓝莓100克，核桃仁50克，无脂酸奶酪50克切成的小方块，同放入大碗中混合，淋上燕麦水果酱即可。

蓝莓山药

主 料

山药……300克
蓝莓酱……50克

做 法

1 将山药清洗干净去皮切成长条状焯水后
   放冰水中拔凉。

2 把过凉的山药码入盘中挤上蓝莓酱即可。

柿子

柿子又称大柿子，为柿科多年生落叶乔木柿树的成熟果实。在中国主要分布于北方。柿子甜腻可口，营养丰富，被称为有益心脏健康的"水果之王"，用于鲜食、冻食、制成柿饼等。

保健功效

柿子含有大量水分、蛋白质、氨基酸、甘露醇等物质，能有效补充人体的养分及细胞内液，起到润肺生津之效；含大量的有机酸和鞣质，有助于胃肠消化，增进食欲；含有丰富的黄酮苷，有助于降低血压、软化血管、增加冠状动脉流量、活血消炎、改善心血管功能。

中医学认为

味甘、涩，性寒，归肺、脾、胃经。

生津止渴　润肺化痰

健脾益胃　凉血止血

适于肺热咳嗽，脾虚泄泻，咯血便血。

营养成分表（每100克含量）

成分	含量	成分	含量
热量（千卡）	71	磷（毫克）	23
膳食纤维（克）	1.4	钠（毫克）	0.8
碳水化合物（克）	18.5	烟酸（毫克）	0.3
钙（毫克）	9	维生素C（毫克）	30
镁（毫克）	19	维生素E（毫克）	1.12
钾（毫克）	151	胡萝卜素（微克）	120

🍲 良方妙方

寒泻水泻

柿饼2个，放饭上蒸熟食。

高血压

柿饼3枚（去蒂），清水和冰糖适量，蒸至柿饼绵软后食用。

柿子果酱

主　料

成熟柿子……600克
麦芽糖……150克
细砂糖……100克
柠檬……1个

做　法

1 柠檬洗净榨出果汁备用，柿子剥皮后切成块状备用。

2 将切好的柿子果肉放入耐酸的锅中，先加入水及柠檬汁用中火煮滚，再转成小火并加入麦芽糖继续熬煮，熬煮时用木勺不停地搅拌。

3 待麦芽糖完全溶化后加入细砂糖，继续拌，煮至酱汁呈浓稠状即可。

西瓜

西瓜又称寒瓜、夏瓜，为葫芦科一年生藤本植物西瓜的果实。在中国南北皆有栽培。西瓜瓤多汁而甜，是盛夏消暑解渴的佳品，堪称"消暑瓜王"，用于鲜食、榨汁等。

保健功效

西瓜中含有大量的水分，在急性热病发烧、口渴汗多、烦躁时，吃上一块西瓜，症状会马上改善；所含的糖和盐能利尿并消除肾脏炎症；所含的蛋白酶能把不溶性蛋白质转化为可溶性蛋白质，增加肾炎患者的营养；还含有能使血压降低的钾元素；新鲜的西瓜汁和鲜嫩的瓜皮可增加皮肤弹性，减少皱纹，增添皮肤光泽。

中医学认为

味甘,性寒,归心、胃、膀胱经。

清热解暑　除烦利尿

生津止渴

适于暑热烦渴，发热，高血压，肾炎，肝炎。

营养成分表 (每100克含量)

热量（千卡）	25	铜（毫克）	0.05
蛋白质（克）	0.6	钾（毫克）	87
钙（毫克）	8	磷（毫克）	9
镁（毫克）	8	钠（毫克）	3.2
铁（毫克）	0.3	维生素C（毫克）	6
锰（毫克）	0.05	胡萝卜素（微克）	450

良方妙方

暑热伤津

西瓜剖开，取汁1碗，徐徐饮之。

肾炎水肿

西瓜皮、白茅根各30克。水煎服。

西瓜汁

主 料

西瓜……200克
柠檬……1/2个
蜂蜜、冰块……各适量

做 法

　　西瓜切皮去籽后切成小块，柠檬去皮也切成小块，与蜂蜜、冰块一起打成汁即可。

西瓜荷斛茶

主 料

西瓜肉……100克
荷叶、石斛……各5克
绿茶……3克

做 法

1 将西瓜肉、荷叶、石斛洗净，放入锅中，用水煎煮，去渣取汁。

2 用药汁冲泡绿茶后，加入蜂蜜，即可饮用。

香瓜

香瓜又称甜瓜、甘瓜，为葫芦科一年生攀援草木甜瓜的成熟果实。在中国北方普遍栽培。香瓜具有浓郁的香甜味，是夏令消暑佳果，用于鲜食、制作果脯，还可加工成瓜酒、瓜酱、腌甜瓜等。

保健功效

香瓜瓤肉含有蛋白质、脂肪、碳水化合物、无机盐等，可补充人体所需要的能量及营养素，帮助机体恢复健康；含有苹果酸、葡萄糖、氨基酸、维生素C等丰富营养，对感染性高热、口渴等，都具有很好的疗效；含大量碳水化合物及柠檬酸等，且水分充沛，可清热除烦。

营养成分表（每100克含量）

热量（千卡）	26	磷（毫克）	17
钙（毫克）	14	钠（毫克）	8.8
镁（毫克）	11	维生素C（毫克）	15
铁（毫克）	0.7	维生素E（毫克）	0.47
钾（毫克）	139	胡萝卜素（微克）	30

中医学认为

味甘，性寒，归心、胃经。

清暑热　解烦渴

利小便

适于暑热烦渴，二便不利，肺热咳嗽。

🍲 良方妙方

暑热症

将香瓜400克洗净，去皮、瓤，切成小块后置于容器中，然后倒入煮沸、晾凉的牛奶300毫升，边倒边搅，再加入蜂蜜50克，边倒边搅，混匀后加盖，置冰箱中放凉后饮用，每日上下午分饮。

香瓜汁

主 料
鲜香瓜……半个。

做 法

1 香瓜洗净、去皮、去籽，切成小块。

2 放入榨汁机中，加适量白开水榨成汁，倒出来沉
淀后滤渣即可。

甘蔗

甘蔗又称薯蔗、竿蔗、糖梗，为禾本科植物甘蔗的茎秆。在中国南方热带地区广泛种植，北方保护地有引种。果蔗含铁居水果之首，素有"补血果"的美称，是冬令佳果，用于鲜食、榨汁、制糖等。

保健功效

甘蔗含水量高，且含多种有机酸成分，能清凉解暑，消除疲劳；含糖量最为丰富，其中的蔗糖、葡萄糖及果糖，含量达12%，可补充人体营养和能量；含铁量丰富，有补血作用。中国古代医学家将甘蔗列入"补益药"，可治疗因热病引起的伤津，心烦口渴，反胃呕吐，肺燥引发的咳嗽气喘。

中医学认为

味甘，性寒，归肺、胃经。

清热解毒　生津止渴
和胃止呕　滋阴润燥

适于口干舌燥，津液不足，小便不利。

营养成分表（每100克含量）

碳水化合物（克）	16.0	钾（毫克）	95.0
膳食纤维（克）	0.6	镁（毫克）	4.0
维生素C（毫克）	2.0	锌（毫克）	1.0
维生素A（微克）	2.0	钠（毫克）	3.0
钙（毫克）	14.0	铁（毫克）	1.3
磷（毫克）	14.0		

良方妙方

尿路感染

甘蔗汁、生藕汁各200毫升，混匀，每日2次。

慢性胃炎

甘蔗汁50毫升，蜂蜜30毫升，二味混匀，每日早晚分服。

北沙参甘蔗汁

主 料

北沙参……15克

甘蔗汁……250毫升

白糖……适量

做 法

1 北沙参用清水洗净备用。

2 砂锅置火上，加入适量清水，放入北沙参煎汁。

3 将煎好的汤汁过滤，放入甘蔗汁、白糖搅匀即可。

甘蔗红茶

主 料

甘蔗……500克　　红茶……3克

枸杞子……5克　　蜂蜜……适量

做 法

1 将甘蔗去皮，切碎，榨汁；枸杞子用清水泡软。

2 把甘蔗汁与红茶放入锅中，用水煎煮，去渣取汁，放入适量枸杞子、蜂蜜，即可饮用。

3 每日1剂，不拘时，代茶饮。

椰子

椰子又称胥椰、越子头、椰楝，为棕榈科多年生乔木椰树的果实。在中国南方热带盛产。椰汁可鲜食、制作果汁，是极好的清凉解渴之品，椰肉可生吃，制作椰蓉、糖果、糕点及榨油等。

保健功效

椰子含有丰富的糖类、脂肪和蛋白质，能够有效地补充人体的营养成分，提高人体的抗病能力，且有养颜的作用；椰汁含有丰富的钾、镁等微量元素，其成分与细胞内液相似，可纠正脱水和电解质紊乱，达到利尿消肿之效；椰肉及椰汁均有杀灭肠道寄生虫的作用，是理想的杀虫消疳食品。

中医学认为

味甘，性平，归胃、脾、大肠经。

补虚强壮　益气祛风

消疳杀虫　清暑解渴

适于暑热、津液不足之口渴，疗杨梅疮。

营养成分表（每100克含量）

热量（千卡）	231	镁（毫克）	65
膳食纤维（克）	4.7	钾（毫克）	475
脂肪（克）	12.1	磷（毫克）	90
碳水化合物（克）	31.3	钠（毫克）	55.6

良方妙方

心脏性水肿

取椰子汁200毫升，每次100毫升，每日2次。

慢性肝炎

鲜椰子汁、生地黄汁各50毫升，加沸水500毫升摇匀。代茶饮，每日1~2次。

椰香糯米糍

主 料

糯米粉……500克
澄粉……100克
椰蓉……200克
豆沙……300克
红樱桃粒……少许
白糖、黄油……各适量

做 法

1 糯米粉、白糖加水揉制成面团，稍饧。

2 澄粉用沸水烫透，揉匀，加在和好的糯米团中，再加入黄油，糯米团揉至表面均匀有光泽，搓条，切成剂子。

3 将剂子压扁，包入豆沙馅搓成圆形，放入圆盘中，上蒸锅蒸熟。

4 取出裹上椰蓉，用红樱桃粒装点即可。

菠萝

菠萝又称番梨、露兜子、凤梨，为凤梨科多年生草本植物。在中国南方热带和亚热带种植。菠萝汁多味甜，有特殊香味，被称为"生香果"，用于鲜食、榨汁，制作饮料、果脯，提取香精等。

保健功效

菠萝营养丰富，含多种维生素，钾、铁、锰等含量也很丰富，具有健胃消食、补脾止泻、清胃解渴等功效；菠萝含有一种叫"菠萝蛋白酶"的物质，它能分解蛋白质，溶解阻塞于组织中的纤维蛋白和血凝块，改善局部的血液循环，消除炎症和水肿；菠萝中所含的糖、盐类和酶有利尿作用，适当食用对肾炎、高血压病患者有益。

中医学认为

味甘、微酸，性平，归胃、肾经。

清暑解渴　消食止泻

养颜瘦身　健脾益胃

适于消化不良，泄泻，低血压，小便不利。

营养成分表（每100克含量）

热量（千卡）	41	铁（毫克）	0.6
膳食纤维（克）	1.3	锰（毫克）	1.04
碳水化合物（克）	10.8	钾（毫克）	113
钙（毫克）	12	磷（毫克）	9
镁（毫克）	8	钠（毫克）	0.8

 良方妙方

痢疾

菠萝1个，去皮后切成小块，每日分3次食用。

暑热烦渴

菠萝1个，去皮后生吃或榨汁饮用。

田园菠萝炒饭

主 料

米饭……200克
菠萝……100克
玉米粒、青豆、胡萝卜……各适量
食用油、盐……各适量

做 法

1 菠萝洗净，对半切开。把中间的菠萝肉挖出，切成丁；青豆洗净，胡萝卜洗净切丁。

2 锅内加食用油，倒入菠萝丁、玉米粒、青豆、胡萝卜，炒八成熟的时候把米饭倒入锅中翻炒，最后加入盐调味即可。

香蕉

香蕉又称蕉子、蕉果、甘蕉，为芭蕉科芭蕉属植物。在中国热带地区广泛种植，北方保护地有引种。香蕉味香、富含营养，有"果中皇后"的美誉，用于鲜食，制作干片、糕点、糖果等。

保健功效

香蕉含有大量糖类物质及其他营养成分，可充饥、补充营养及热量；含有血管紧张素转化酶抑制物质，可以抑制血压的升高。香蕉属于高钾食品，钾离子可强化肌力及肌耐力，因此特别受运动员的喜爱，同时钾对人体的钠具有抑制作用，多吃香蕉，可降低血压，预防高血压和心血管疾病。香蕉果肉甲醇提取物对细菌、真菌有抑制作用，可消炎解毒。

中医学认为

味甘，性寒，归脾、胃经。

| 清热 | 润肠 |
| 解毒 | 止痛 |

适于流行性乙型脑炎，白带，胎动不安。

营养成分表（每100克含量）

热量（千卡）	91	钙（毫克）	7
膳食纤维（克）	1.2	镁（毫克）	43
蛋白质（克）	1.4	钾（毫克）	256
碳水化合物（克）	22	磷（毫克）	28

良方妙方

牙痛

香蕉2个，煎热汁1碗，含漱。

肺热咳嗽

香蕉1～2只，冰糖炖服，每日1～2次，连服数日，效果佳。

香蕉马芬蛋糕

主 料

香蕉……100克

面粉……50克

鸡蛋……50克

鲜奶……20毫升

泡打粉……3克

黄油……30克

白糖……20克

做 法

1 香蕉去皮打成泥备用。

2 鸡蛋、鲜奶、黄油搅打到发起来，加白糖、泡打粉和面粉打匀倒入纸杯中，入烤箱10分钟烤熟即可。

干果类

松子

松子又称松实、果松子、海松子，为松科植物红松、白皮松、华山松等多种松树的种子。松子具清香味，有"长寿果""坚果中的鲜品"之称，用于炒食、榨油、制作糕点、菜肴等。

保健功效

松子中富含不饱和脂肪酸，如亚油酸、亚麻酸等，能降低血脂，预防心血管疾病；所含的大量矿物质，能给人体组织提供丰富的营养成分，强壮筋骨，消除疲劳，对大脑和神经有补益作用，是学生和脑力劳动者的健脑佳品，对老年人保健有极大的益处；富含脂肪，对老人体虚便秘、小儿津亏便秘有一定的食疗作用。

营养成分表（每100克含量）

热量（千卡）	640	膳食纤维（克）	12.4

中医学认为

味甘，性温，归肝、肺、脾经。

滋阴　润燥　润肺　润肠

适于病后体虚，羸瘦少气，燥咳有痰。

🍲 良方妙方

肺燥咳嗽

松子仁30克，胡桃仁60克，研膏，和熟蜜15克，每服6克。食后沸汤点服。

身体虚弱

松子仁、黑芝麻、枸杞子、杭菊各15克。水煎服，每日1剂。

松子板栗糕

主 料

板栗……300克

松子……30克

琼脂……5克

冰糖……50克

金丝蜜枣……20克

做 法

1 板栗蒸熟去皮打粉过箩。

2 松子炒熟炒香，琼脂用清水泡软，金丝蜜枣切成丝。

3 锅中放少许水，放入琼脂熬化，加入冰糖、栗子粉、枣丝熬成糊状倒入盘中，放冷藏柜中定型。

4 等凉透定型后取出切成块装盘即可。

核桃

核桃又称胡桃、羌桃，为胡桃科多年生乔木胡桃的成熟种子。在中国各地均有栽培。核桃营养丰富，被誉为"健康之友"，用于生食、炒食、制作糕点，也可以榨油。

保健功效

核桃仁含有较多的蛋白质及人体必需的不饱和脂肪酸，这些成分皆为大脑组织细胞代谢的重要物质，能滋养脑细胞，增强脑功能；含有大量维生素E，经常食用有润肌肤、乌须发的作用，可以令皮肤滋润光滑，富有弹性；当感到疲劳时，嚼些核桃仁，有缓解疲劳和压力的作用。核桃仁中钾含量很高，适合高血压病患者食用。

中医学认为

味甘，性温，归肾、肺、大肠经。

补肾固精　温肺定喘

润肠　排石

适于神经衰弱，高血压，冠心病，肺气肿。

营养成分表（每100克含量）

热量（千卡）	627	钾（毫克）	385
膳食纤维（克）	9.5	磷（毫克）	294
蛋白质（克）	14.9	钠（毫克）	6.4
脂肪（克）	58.8	硒（微克）	4.62
钙（毫克）	56	维生素E（毫克）	43.21
镁（毫克）	131	胡萝卜素（微克）	30

 良方妙方

肾虚腰痛

核桃仁60克，切细，注入热酒，另加红糖调服。

肠燥便秘

核桃仁4～5枚，于睡前拌少许蜜糖服食。

助眠小炒

主 料

鲜核桃仁……100克

芦笋、山药、木耳、莴笋……各50克

红腰豆……15克

彩椒……10克

盐……4克

鸡精、葱油……各3克

香油……2克

水淀粉……150克

做 法

1 芦笋、莴笋、山药切片，彩椒
切块备用。

2 锅置火上，锅内放入葱油加入
鲜核桃仁、芦笋、山药、木
耳、莴笋、红腰豆、彩椒煸炒
调味放入盐、鸡精、香油，水
淀粉勾芡出锅即可。

板栗

板栗又称栗子、毛栗、风栗，为壳斗科多年生乔木栗的成熟种子。在中国分布于北方。板栗可代粮，被称为"铁杆庄稼""木本粮食"，是一种富有营养的滋补品及补养的良药，用于做糖炒栗子，做糕点、栗子羹等。

保健功效

板栗中所含的不饱和脂肪酸和多种维生素，能抗高血压、冠心病、动脉硬化等症，是抗衰老、延年益寿的滋补佳品。板栗还能维持牙齿、骨骼、血管肌肉的正常功能，帮助脂肪代谢，具有益气健脾、滋补胃肠的作用。

营养成分表（每100克含量）

热量（千卡）	185	锌（毫克）	0.57
膳食纤维（克）	1.7	钾（毫克）	442
蛋白质（克）	4.2	磷（毫克）	89
脂肪（克）	0.7	钠（毫克）	13.9
碳水化合物（克）	42.2	硒（微克）	1.13
钙（毫克）	17	烟酸（毫克）	0.8
镁（毫克）	50	维生素C（毫克）	24
铁（毫克）	1.1	维生素E（毫克）	4.56
锰（毫克）	1.53	胡萝卜素（微克）	190

中医学认为

味甘，性温，归肾、脾、胃经。

养胃健脾　补肾强筋
活血止血

适于反胃，泄泻，腰脚软弱，吐衄，便血。

良方妙方

脾虚泄泻

板栗肉煮熟食用。

慢性咽喉炎

每天嚼食生栗子50克。

板栗金丝枣

主　料

板栗……100克

小枣……200克

白糖……50克

麦芽糖……50克

冰糖……50克

盐……少许

做　法

1 将小枣洗净加清水浸泡2个小时。

2 小枣与板栗一起放入锅中加白糖、麦芽糖、冰糖和少许盐和清水慢火熬30分钟，等汤汁浓稠上色后即可。

杏仁

杏仁又称杏核仁、杏子、苦杏仁，为蔷薇科多年生乔木杏的种子。在中国主要分布于北方地区。甜杏仁用于做菜肴、油炸食、炸杏仁油，制作饮料、糕点等，苦杏仁多为入药。

保健功效

杏仁含维生素和多种矿物质，对病后虚弱、体质差的人有补养和强健体魄的作用；含有丰富的黄酮类和多酚类物质，这些物质能够降低人体内胆固醇的含量，预防和降低心脏病、心肌梗死及很多慢性病的发病危险；富含不饱和脂肪酸，对保护心血管的健康，预防心脑血管病有一定疗效。

中医学认为

味苦，性微温，归肺、大肠经。

滋润肺燥　止咳平喘

润肠通便

适于虚劳咳嗽，气喘，胸腹逆闷，肠燥便秘。

营养成分表（每100克含量）

成分	含量	成分	含量
膳食纤维（克）	19.2	钾（毫克）	106
蛋白质（克）	24.7	钠（毫克）	6.8
钙（毫克）	71	硒（毫克）	15.65
磷（毫克）	27	维生素C（毫克）	26
锌（毫克）	3.64	维生素E（毫克）	18.53

良方妙方

虚劳咳嗽

杏仁12克，胡桃肉12克。水煎服。

慢性咳嗽

杏仁12克，桃仁10克。水煎服。

脆香杏仁饼

主 料

杏仁片……300克　　牛油……50克

面粉……50克　　　白糖……70克

蛋清……100克

做 法

1　面粉加蛋清、牛油、白糖搓均，醒发5分钟。

2　把醒好的面掐剂揉成圆球放烤盘中压成饼状，撒上杏仁片烤熟即可。

青瓜杏仁

主 料

杏仁……200克

青瓜……50克

盐、味精、芝麻……各2克

香油……3克

做 法

1　将青瓜洗净改刀切成片放在容器中。

2　杏仁用淡盐水浸泡软放在黄瓜片中加盐、味精、芝麻、香油拌匀即可。

腰果

腰果又称槚如树、鸡腰果、介寿果，为漆树科常绿小乔木腰果的种子。在中国海南和云南等地种植。腰果味道香甜，为世界著名的四大干果之一，用于制作腰果巧克力、点心和油炸盐渍食品。

保健功效

腰果含丰富的蛋白质、不饱和脂肪酸、B 族维生素，对保护血管、防治心血管疾病大有益处；含有丰富的油脂，可以润肠通便、润肤美容、延缓衰老。经常食用腰果可以提高人体抗病能力、增进性欲。

营养成分表(每100克含量)

成分	含量	成分	含量
蛋白质（克）	17.3	硒（微克）	34
脂肪（克）	36.7	镁（毫克）	153
碳水化合物（克）	41.6	维生素 A（微克）	26
钙（毫克）	26	维生素 B₁（毫克）	0.26
鳞（毫克）	395	维生素 B₂（毫克）	0.13
钾（毫克）	503	维生素 B₃（毫克）	1.3
钠（毫克）	251.3	维生素 E（毫克）	3.17

中医学认为

味甘，性平，归脾、胃、肾经。

润肺　除烦

祛痰

适于营养不良，体质虚弱，烦躁，皮肤干燥。

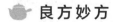 **良方妙方**

肺虚咳嗽

腰果 10 枚，大米 100 克，白糖适量。将腰果研细备用，大米淘净，煮为稀粥，待熟时放入腰果、白糖。煮至粥熟食用，每天 1 剂。

腰果酥

主料

美孜面……300克
腰果……100克
莲蓉馅……50克
鸡蛋……2个
黄油……150克
芝麻……5克
白糖……100克

做法

1 美孜面加白糖、鸡蛋、黄油和成面剂备用。

2 腰果烤熟后压成粒加入莲蓉馅中备用。

3 将面剂搓成长条形，再分切成小圆粒，擀成薄圆形面皮包入馅，捏成腰果形状即可。

4 烤时表面刷一层薄薄蛋液，撒上芝麻烤熟即可。

芝麻腰果

主料

腰果……150克	绵白糖……30克
黑芝麻……20克	麦芽糖……10克

做法

1 腰果在150℃的烤箱中烤熟，烤制过程中要经常摇动，让腰果全方位烤到。

2 黑芝麻用小火炒熟放凉。

3 锅内放少许油加白糖、麦芽糖熬老上色后放入腰果快速翻炒裹均拉下锅来，撒上黑芝麻裹均即可。

莲子

莲子又称藕实、莲实、莲蓬子、莲肉，为睡莲科植物莲的干燥成熟种子。分布于中国南北各省。莲子是常见的滋补保健食品，用于煮粥、煲汤、做莲子羹等。

保健功效

莲子中所含的棉子糖，是老少皆宜的滋补品，对于久病、产后或老年体虚者，更是常用营养佳品；所含的莲子碱，能释放组胺，使外周血管扩张，因而有降压作用，也能抑制性欲，减少梦精或滑精；所含氧化黄心树宁碱对鼻咽癌有抑制作用。

营养成分表（每100克含量）

蛋白质（克）	17.2	钙（毫克）	97.0
脂肪（克）	2.0	磷（毫克）	550
碳水化合物（克）	67.2	钾（毫克）	846
膳食纤维（克）	3.0	镁（毫克）	242
维生素 B_1（毫克）	0.16	铁（毫克）	3.5
维生素 B_2（毫克）	0.08	锌（毫克）	2.78
维生素 B_3（毫克）	4.2	锰（毫克）	8.23
维生素 E（毫克）	2.71	硒（微克）	3.36

中医学认为

味甘、涩，性平，归脾、肾、心经。

补脾止泻　止带
益肾涩精　养心安神

适于热病口渴心烦，肺痈，肺痿，淋病。

良方妙方

久痢不止

老莲子（去心）60克，为末，每服3克，陈米汤调下。

噤口痢

鲜莲肉30克，黄连、人参各15克。水煎浓，饮服。

莲子银耳粥

主 料

粳米……100克

莲子……20克

银耳……50克

大枣……10克

冰糖……30克

做 法

1 莲子用冷水泡透去心，大枣洗净。

2 银耳泡开去蒂剪成小片，粳米洗净。

3 把水烧开加入米、大枣、莲子同煮10分钟，放入
银耳再煮成粥，最后放入冰糖即可。

PART 4

五谷杂粮的
养生与保健

一看就懂
挑选五谷杂粮的诀窍！

五谷杂粮

五谷是几种主要的粮食作物：稻谷、麦子、大豆、玉米、薯类，同时也习惯地将米和面粉以外的粮食称作杂粮，而五谷杂粮也泛指粮食作物，所以五谷也是粮食作物的统称。

如何挑选五谷杂粮

首先选择低温烘焙，吃了不上火、营养素不会流失或者比较小。其次就是很多五谷，玉米燕麦等是不容易消化吸收，打成粉更利于吸收。配比的五谷，最好是选择入脾胃经。选择当年的，这样吃进去会更健康更营养。

五谷杂粮的作用

优质的杂粮有丰富的维生素和膳食纤维，能降低血糖，减少脂肪堆积，还能防癌抗癌，美容养颜等。

　　营养素非常丰富，其中的纤维素与矿物质是普通白米的数倍，而包含的维生素 A、维生素 B_1、维生素 B_2、维生素 C、维生素 E 等和钙、钾、铁、锌等微量元素，更是丰富的宝藏。

　　维生素 C，可缓和疲劳症状、预防感冒、下肢酸痛等疾病；铁则能预防胃溃疡与食欲不振；钾也可以避免肌肉麻痹、郁闷不安与全身无力等；而铜、锌等微量元素具有改善精神衰弱、失眠等症状，还有增加食欲、改善体重、调整胃口的功效。镁和铁可加强身体能量，且加速体内废物的代谢。五谷杂粮丰富的膳食纤维在肠道内不会被消化，还可吸附水分子，可以使食物残渣或毒素在肠道内运行，迅速排出体外，达到排毒的效果；维生素 E 则可帮助血液循环，加速排毒作用。

五谷杂粮类

大米

大米又称粳米、硬米、稻米，为禾本科一年生植物稻的种仁。主产于中国华北、东北和南方等地。是中国大部分地区人民的主要食品，用于做米饭、煮粥等。

保健功效

大米中各种营养素含量虽不是很高，但都具有很高的营养价值，是补充营养素的基础食材。大米粥和米汤都是利于幼儿和老年人消化吸收的营养食品。大米所含的植物蛋白质可以使血管保持柔韧性，所含的水溶性膳食纤维可以防治便秘。糙米富含矿物质、维生素和膳食纤维，是很好的保健食品。

中医学认为

味甘，性平，归肺、脾、胃经。

补中益气　健脾和胃
止烦止渴　止泻痢

适于热病口渴心烦，肺痈，肺痿，淋病。

营养成分表（每100克含量）

热量（千卡）	333	磷（毫克）	356

 良方妙方

风寒咳嗽

大米50克，姜10克，葱白10克。大米加水煮粥，粥熟后加入姜和葱白，略煮即可。

遗精肾亏

大米50克，鹿角胶15克，加水与适量调料，煮粥食用。

枸杞养生粥

主 料

枸杞子……50克
大米……150克
矿泉水……适量
盐……2克
鸡精……3克

做 法

1 大米用冷水泡20分钟洗净备用。

2 枸杞子用水洗净。

3 锅加水烧开，放大米煮5分钟，再加入
枸杞子同煮20分钟，大米开花熟后加
盐、鸡精调好味即可。

玉米

玉米又称玉蜀黍、棒子、苞米，为禾本科一年生草本植物玉蜀黍的果实。在中国各地均有种植。玉米是粗粮中的保健佳品，是公认的"黄金主食"。鲜玉米可煮食或烤食，玉米面用于做面食、煮粥等。

保健功效

玉米含有的不饱和脂肪酸中，亚油酸的比例高达60%以上，它和玉米胚芽中的维生素E协同作用，可降低血液胆固醇浓度并防止其沉积于血管壁，对冠心病、动脉粥样硬化、高血脂及高血压等都有一定的预防和治疗作用。玉米中还含有一种长寿因子——谷胱甘肽，它在硒的参与下，生成谷胱甘肽还原酶，具有清除自由基、延缓衰老的功效。

中医学认为

味甘，性平，归脾、胃经。

补中益气　健脾开胃

适于高血压，糖尿病，冠心病，脂肪肝。

营养成分表（每100克含量）

热量（千卡）	106	维生素 B$_1$（毫克）	0.16
镁（毫克）	32	维生素 B$_2$（毫克）	0.11
钾（毫克）	238	维生素 C（毫克）	16
磷（毫克）	117	维生素 E（毫克）	0.46

🍲 良方妙方

糖尿病

高脂血症

玉米须 50 ~ 100 克。水煎，分2 次每日服完，连服见效。

常以玉米油炒菜食之。

玉米饼

主 料

玉米粉……500克

砂糖、食用油……各适量

做 法

1 将砂糖倒入水中混合，再倒入锅中烧开。

2 糖水沸腾后，倒入玉米粉，搅拌均匀。

3 将面团擀成厚片。

4 凉油下锅，炸至面饼呈金黄色即可。

玉米汁

主 料

鲜玉米……1个

做 法

1 玉米煮熟，放凉后把玉米粒放入器皿里。

2 按1∶1的比例，把玉米粒和白开水放入榨汁机里榨汁即可。

小麦

小麦又称麦子，为禾本科越年生小麦的成熟种子。在中国北方普遍种植。磨成面粉后可制作面包、馒头、饼干、面条等食物；发酵后可制成啤酒、酒精、白酒等。

保健功效

小麦的营养十分丰富，含有人类生活所必需的全部氨基酸，日常食用可补养心脾、养肝益肾、厚壮肠胃；含有的生物素，可缓和神经；小麦胚芽油中含丰富的维生素E，可抗衰防老，是老年人的理想食品；麦麸皮中含有丰富的B族维生素，是用以治疗维生素B缺乏病、神经炎、心脏增大、发育迟缓的良好食物。

中医学认为

味甘，性平，归心、脾、肾三经。

| 益肾 | 养心安神 |
| 除热止渴 | 调肠胃 |

小麦麸可除心烦，止消渴。

营养成分表（每100克含量）

热量（千卡）	317	钾（毫克）	289
膳食纤维（克）	10.8	磷（毫克）	325
蛋白质（克）	11.9	钠（毫克）	6.8
碳水化合物（克）	75.2	维生素 B_1（毫克）	0.4
钙（毫克）	34	维生素 B_2（毫克）	0.1
铁（毫克）	5.1	维生素 E（毫克）	1.82

 良方妙方

眩晕

浮小麦、黑豆各30克。水煎服。

自汗盗汗

浮小麦50克，五味子10克。水煎服。

小麦大枣粥

主 料

甘草……10克

大枣……5枚

小麦……10克

做 法

1 将甘草、大枣、小麦用冷水浸泡后，用小火煎煮，半小时为1煎，共煎煮2次，合并煎液。

2 每日2次，早晚温服，喝汤食枣。

201

燕麦

燕麦又称雀麦、野麦子，为禾本科一年生草本植物燕麦的种子。在中国西北、东北一带牧区或半牧区栽培较多。燕麦可煮粥、磨面粉做面食、经精细加工制成麦片等。

保健功效

燕麦所含不饱和脂肪酸、可溶性纤维、皂苷素等，可降低人体甘油三酰和低密度脂蛋白，预防冠心病，防治糖尿病，有利于减少糖尿病心血管并发症的发生；所含丰富的纤维素有润肠通便的作用，对于习惯性便秘患者有很好的帮助；燕麦中含有的钙、磷、铁、锌、锰等矿物质也有预防骨质疏松、促进伤口愈合、防止贫血的功效。

中医学认为

味甘，性平，归肝、脾、胃经。

益脾养心　　敛汗

适于病后体虚，便秘，虚汗，盗汗，出血。

营养成分表 （每100克含量）

热量（千卡）	366	磷（毫克）	35
蛋白质（克）	12.2	铁（毫克）	4.7
碳水化合物（克）	67.8	锌（毫克）	3.97
钙（毫克）	27	锰（毫克）	3.06
镁（毫克）	146	胡萝卜素（微克）	20
钾（毫克）	319		

 良方妙方

冠心病

绿豆100克，燕麦片200克，冰糖15克。熬粥早晚食用。

失眠症

将15枚大枣洗净、去核，加水适量煮沸待枣烂后撒入燕麦片100克搅匀，再煮沸3～5分钟即成。每日早晚分食。

燕麦山药红枣汤

主 料

燕麦……50克　　　红枣……20克
山药……100克　　冰糖……适量

做 法

1 燕麦洗干净，用温水泡30分钟；
红枣洗干净去核；山药削去外皮，
切成菱形片。

2 锅内加水烧开，放入燕麦、红枣煮
八成熟时加入山药片至粥成，再放
入冰糖溶化即可。

香酥燕麦南瓜饼

主 料

南瓜、糯米粉……各250克
燕麦粉……100克
奶粉、豆沙馅……各适量
白砂糖、食用油……各适量

做 法

1 南瓜去皮切片，上笼蒸酥，加糯米
粉、燕麦粉、奶粉、白砂糖搅拌均
匀，将其揉成南瓜饼坯。

2 将豆沙搓成圆的馅心，取南瓜饼坯搓
包上馅并且压制呈圆饼状。

3 锅中加油，待油温升至120℃时，把南瓜饼放入油炸至膨胀即可。

小米

小米又称谷子、粟米，为禾本科一年生草本植物粟的种仁。主产于中国华北和东北一带。用于煮饭、煮粥、酿醋、磨面粉做糕饼等。

保健功效

小米含丰富的营养素和类雌激素物质等，其中胡萝卜素含量较高，维生素B的含量位居所有粮食之首，因此，对于老弱病人和产妇来说，小米是理想的滋补品。

营养成分表（每100克含量）

热量（千卡）	106	钠（毫克）	1.1
膳食纤维（克）	2.9	硒（微克）	1.63
蛋白质（克）	4.0	烟酸（毫克）	1.8
脂肪（克）	1.2	维生素 B_1（毫克）	0.16
碳水化合物（克）	22.8	维生素 B_2（毫克）	0.11
镁（毫克）	32	维生素 C（毫克）	16
铁（毫克）	1.1	维生素 E（毫克）	0.46
钾（毫克）	238	胡萝卜素（微克）	100
磷（毫克）	117		

中医学认为

味甘、咸，性微寒，归胃经。

和中健脾　益肾气

补虚损　利尿消肿

适于脾胃虚热，反胃呕吐，腹满食少。

良方妙方

反胃

小米磨成粉，做成梧桐子大小，每次煮熟后服 6 ~ 10 克，加少量盐吞服。

腹痛

小米锅巴烧焦研末，用温水送服5 克，每日服 3 次。

胡萝卜小米粥

主 料

小米……100克

胡萝卜……100克

矿泉水……适量

做 法

1 小米洗净，胡萝卜去皮切丝。

2 把水烧开加入小米和胡萝卜丝同煮15分钟，
小米软糯即可。

薏苡仁

薏苡仁又称薏仁、苡仁、六谷子，为禾本科一年生草本植物薏苡的种仁。喜生于温暖潮湿的十边地和山谷溪沟，在中国各地有种植。薏米为药食两用的食物，有"生命健康之禾"的美称，用于煮粥、煲汤、酿酒等。

保健功效

薏苡仁含有人体必需的8种氨基酸，对于久病体虚、病后恢复期患者，老人、产妇、儿童都是比较好的药用食物，可经常食用。不论用于滋补还是用于治病，作用都较为缓和，微寒而不伤胃，益脾而不滋腻，营养胜于其他谷类。薏苡仁富含硒元素，能有效抑制癌细胞的增殖，可用于胃癌、子宫颈癌的辅助治疗。

营养成分表（每100克含量）

热量（千卡）	357	铁（毫克）	3.6
蛋白质（克）	12.8	钾（毫克）	238
脂肪（克）	3.3	磷（毫克）	217
碳水化合物（克）	71.1	钠（毫克）	3.6
钙（毫克）	42	硒（微克）	3.07
镁（毫克）	88		

中医学认为

味甘、淡，性凉，归脾、胃、肺经。

除风湿　利小便
益肺排脓　健脾胃

适于风湿身痛，湿热脚气，湿热筋急拘挛，湿痹。

良方妙方

湿重腰疼

薏苡仁60克，白术45克。水煎服。

黄疸

薏苡仁60克（或根180克）。水煎服，每日2次。

薏米山药粥

主 料

薏苡仁……80克
山药……150克
小枣……20克
冰糖……适量

做 法

1 薏苡仁洗净，小枣洗净。

2 山药去皮切小滚刀块。

3 将薏苡仁倒入锅中加水烧开，转小火30分钟加入山药、小枣，用小火慢熬等食物煮烂加入冰糖即可。

荞麦

荞麦也称花麦、玉麦，为蓼科一年生草本植物荞麦的种子。在中国北方及西南等地种植。常用来做荞米饭、荞米粥、荞麦片、制作荞麦茶等。

保健功效

荞麦丰富的蛋白质中含有十几种天然氨基酸，有丰富的赖氨酸成分，铁、锰、锌等矿物质也比一般谷物含量高。荞麦含有丰富的可溶性膳食纤维，同时还含有烟酸和芦丁（芸香苷），芦丁有降低人体胆固醇、软化血管、保护视力和预防脑血管出血的作用，烟酸能促进人体的新陈代谢，增强解毒能力，还具有扩张小血管和降低血液胆固醇的作用。

中医学认为

味甘，性凉，归脾、胃、大肠经。

清热利湿　开胃宽肠

下气消积

适于肠胃积滞，慢性泄泻，噤口痢疾，赤游丹毒。

营养成分表（每100克含量）

热量（千卡）	324	钾（毫克）	401
蛋白质（克）	9.3	磷（毫克）	297
碳水化合物（克）	73	钠（毫克）	4.7
钙（毫克）	47	维生素E（毫克）	4.4
镁（毫克）	258	胡萝卜素（微克）	20

 良方妙方

小儿丹毒

荞麦粉以醋调敷，早晚更换。

偏头痛

荞麦子、蔓荆子等分研末，以烧酒调敷患部。

豆沙荞麦饼

主 料

全麦面粉……100克

红豆……100克

荞麦面……150克

面粉……100克

矿泉水……200毫升

白糖……60克

泡打粉……5克

酵母……5克

做 法

1 全麦面粉、荞麦面、面粉加泡打粉酵母加矿泉水和成面团。

2 红豆加少许水蒸熟，加白糖炒成豆沙。

3 面团下剂包入豆沙擀成饼状烙熟，两面成金黄色即可。

黑米

黑米又称药米、长寿米，为禾本科一年生草本植物黑稻的黑色种仁。在中国南方各地有种植。黑米食、药用价值高，素有"黑珍珠"和"世界米中之王"的美誉，用于煮粥、酿酒等。

保健功效

黑米所含锰、锌等矿物质和 B 族维生素比大米多，更含有大米所缺乏的花青素等植物化学成分，因而黑米比普通大米更具营养，含有较多的钾、镁，有利于控制血压，减少患心血管病的风险。

营养成分表（每100克含量）

热量（千卡）	333	钾（毫克）	256
膳食纤维（克）	3.9	磷（毫克）	356
蛋白质（克）	9.4	钠（毫克）	7.1
脂肪（克）	2.5	锰（毫克）	1.72
碳水化合物（克）	72.2	烟酸（毫克）	7.9
钙（毫克）	12	维生素 B_1（毫克）	0.33
镁（毫克）	147	维生素 B_2（毫克）	0.13
锌（毫克）	3.8		

中医学认为

味甘，性平，归脾、胃经。

滋阴补肾　健身暖胃

明目活血　补肺缓筋

适于头昏目眩，贫血白发，腰膝酸软。

良方妙方

须发早白

黑米50克，黑豆20克，黑芝麻、核桃仁各15克。共同熬粥加红糖调味食之。

病后体虚

黑米100克，莲子20克。同煮粥，熟后加冰糖调味食用。

黑米红枣粥

主 料

黑米……100克
红枣（去核）……30克
枸杞子……5克
白糖……适量

做 法

1 黑米淘洗净；红枣、枸杞子分别洗净，泡软。

2 高压锅中加入清水适量，放入黑米、红枣、枸杞子，以大火煮约20分钟离火；将高压锅降压后，开盖，再上火，煮沸。

3 加入白糖煮至糖化开后即可。

黑米莲子粥

主 料

黑米……100克
莲子……20克
冰糖……适量

做 法

先将黑米、莲子泡上3～4小时，然后一起放入锅中先大火煮开，再小火慢慢熬熟，待粥成之后加入冰糖调味即可。

甘薯

甘薯又称白薯、红薯、地瓜等，为薯蓣科薯蓣属多年生缠绕藤本植物甘薯的块茎。在中国各地均有栽培。用于蒸食、煮食、烤食、煮粥，制作淀粉、粉条、薯干等。

保健功效

甘薯含有丰富的糖、纤维素、多种矿物质和维生素，其中胡萝卜素、维生素C和钾尤多。经过蒸煮后，甘薯内部淀粉发生变化，膳食纤维增加，能有效刺激肠道的蠕动，促进排便。甘薯中还含有大量黏液蛋白，能够防止肝脏和肾脏结缔组织萎缩，提高人体免疫力。甘薯中还含有丰富的矿物质，对于维持和调节人体功能，起着十分重要的作用，其中的钙和镁可以预防骨质疏松症。

中医学认为

味甘，性平，归脾、胃、大肠经。

| 健脾胃 | 补血气 |
| 宽肠胃 | 通便秘 |

适于痢疾下血，习惯性便秘，血虚。

营养成分表（每100克含量）

热量（千卡）	99	硒（微克）	0.48
钾（毫克）	130	维生素 B₁（毫克）	0.04
磷（毫克）	39	维生素 B₂（毫克）	0.04
钠（毫克）	28.5	维生素 C（毫克）	26
钙（毫克）	23	维生素 E（毫克）	0.28
镁（微克）	12	胡萝卜素（微克）	750

良方妙方

大便带血

新鲜甘薯250克，洗净，切成块，与粳米100克煮成粥，放入适量白糖煮沸即可。

病毒性肝炎

甘薯100克，磨成末，加水调匀，用小火煮成稠状，加蜂蜜100克，一同煮沸后食用，每日2次。

小米栗子甘薯粥

主 料
小米……100克
栗子……30克
甘薯……50克

做 法

1 栗子去皮，甘薯去皮切小块。

2 小米淘洗干净。

3 锅中加水烧开，加入小米、栗子、甘薯同煮
20分钟，小米开花即可。

芡实

芡实又称鸡头米、卵菱、鸡瘫、鸡头实等，为睡莲科一年生水生草本植物芡的干燥成熟种仁。在中国主产于南方，生在池塘、湖沼中。芡实为药食兼用型保健食品，用于煮粥、做菜肴等。

保健功效

芡实含有丰富的淀粉，可为人体提供热能，并含有多种维生素和矿物质，保证体内营养所需成分；芡实可以加强小肠吸收功能，提高尿糖排泄率，增加血清胡萝卜素的浓度，并能有益于慢性肾炎蛋白尿和小儿慢性腹泻等症康复。

中医学认为

味甘、涩，性平，归脾、肾经。

益肾固精　补脾止泻

除湿止带

适于遗精滑精，遗尿尿频，脾虚久泻，白浊。

营养成分表（每100克含量）

成分	含量	成分	含量
蛋白质（克）	8.3	钾（毫克）	60.0
碳水化合物（克）	87.7	镁（毫克）	16.0
钙（毫克）	37.0	钠（毫克）	28.4
磷（毫克）	56.0	硒（微克）	6.03

良方妙方

精滑不禁

沙苑蒺藜（炒）、芡实（蒸）、莲须各60克，龙骨（酥炙）、牡蛎（煅粉）各30克。上味共为末，莲子粉糊为丸，盐汤下。

老幼脾肾虚热及久痢

芡实、山药、茯苓、白术、莲肉、薏苡仁、白扁豆各120克，人参30克。上味俱炒燥为末，取药少许，以白开水送服。

芡实糯米粥

主 料

芡实……30克

糯米……120克

鲜白果……7颗

做 法

1 芡实洗净浸泡10小时，白果去外衣切片，糯米洗净备用。

2 砂锅加水煮开后放糯米、芡实、白果熬至黏稠且熟烂即可。

豆类

大豆

大豆又称黄豆，为豆科一年生草本植物大豆的种子。在中国普遍种植。大豆营养全面丰富，有很好药用价值，故有"豆中之王"的美称，用于榨豆油、做黄酱、酱油、豆浆、豆腐、菜肴，发豆芽等。

保健功效

大豆蛋白质中所含必需氨基酸比较齐全，尤其富含赖氨酸，正好补充谷类赖氨酸不足的缺陷，而大豆中缺乏的蛋氨酸，又可从谷类得到补充，因此谷豆混食是科学的食用方法。大豆脂肪中的亚麻酸及亚油酸，有降低胆固醇的作用；卵磷脂含量也较多，对神经系统的发育有好处。大豆富含皂苷，具有减少体内胆固醇的作用。

中医学认为

味甘,性平,归脾、胃、大肠经。

健脾宽中　润燥消水

适于疳积泻痢，腹胀鼠疫，妊娠中毒，疮痈肿毒，外伤出血。

营养成分表（每100克含量）

热量（千卡）	359	钾（毫克）	1503
镁（毫克）	199	磷（毫克）	465

良方妙方

习惯性便秘

大豆皮20克。水煎，每日分3次服。

腹泻

大豆皮烧灰研末，以开水送服。每日2次，每次15克。

大豆南瓜粥

主 料

大豆……60克

南瓜……50克

薏苡仁……100克

鸡汤……800毫升

盐……适量

做 法

1　大豆、薏苡仁分别洗净，用清水浸泡2小时；南瓜洗净，去皮、瓤，切块。

2　锅置火上，放入鸡汤、大豆、薏苡仁，大火煮沸后转中火，煮至大豆酥软，加入南瓜块，大火煮沸后转小火熬煮至黏稠，加盐调味即可。

赤小豆

赤小豆又称红小豆、红豆，为豆科一年生直立草本植物赤小豆的种子。在中国许多地方种植。赤小豆是药食兼用的食品，用于煮粥、煮饭、制作豆沙、糕点等。

保健功效

赤小豆含有较多的皂角苷，有良好的利尿作用，能解酒、解毒，对心脏病和肾病、水肿均有益；含有较多的膳食纤维，具有良好的润肠通便、降血压、降血脂、调节血糖、解毒抗癌、预防结石、健美减肥的作用；富含叶酸，产妇多吃赤小豆有催乳的功效。

营养成分表（每100克含量）

热量（千卡）	309	锌（毫克）	2.2
膳食纤维（克）	7.7	钾（毫克）	860
蛋白质（克）	20.2	磷（毫克）	305
碳水化合物（克）	63.4	钠（毫克）	2.2
钙（毫克）	74	硒（微克）	3.8
镁（毫克）	138	维生素E（毫克）	14.36
铁（毫克）	7.4	胡萝卜素（微克）	80

中医学认为

味甘、酸，性平，归心、小肠经。

利水消肿　解毒排脓

适于水肿胀满，脚气肢肿，黄疸尿赤，风湿热痹，痈肿疮毒。

良方妙方

下乳

赤小豆100克，煮粥食之。

丹毒

赤小豆捣为细末，与鸡蛋清调和均匀，涂敷患处，效佳。

豆沙卷

主 料

面粉、赤小豆……适量
发酵粉、白糖……适量

做 法

1 将赤小豆提前泡好，煮熟，挤掉多余的水分，放进炒锅里，加入白糖，炒成豆沙。

2 将面粉加发酵粉、水和成面团，将面团揉压后，分割成80克大小的剂子，滚圆。

3 每个剂子包入30克豆沙馅，面朝上，用擀面杖擀成椭圆形饼状的坯子，然后翻过来用刀顺长割数刀（每刀距离约3毫米）割透为止。

4 将其从外向里卷起成筒状，收口处压在底部，制成生坯，饧30分钟。

5 将饧好的生坯上笼，大火蒸熟即可。

绿豆

绿豆又称青小豆、菉豆、植豆等，为豆科一年生直立草本植物绿豆的种子。在中国主产于河南、河北、山东、安徽等省。绿豆是清热解毒的保健佳品，有"济世长谷"之称，用于豆粥、豆饭、豆酒、糕点，或做豆芽菜。

保健功效

绿豆营养丰富，药用价值也很高，其所含的蛋白质、磷脂均有兴奋神经、增进食欲的功效，为人体许多重要脏器增加营养所必需；绿豆中的多糖成分能增强血清脂蛋白酶的活性，使脂蛋白中甘油三酰水解，达到降血脂的疗效，可以防治冠心病、心绞痛；绿豆对葡萄球菌以及某些病毒有抑制作用，能清热解毒；绿豆中含有的胰蛋白酶抑制剂，能减少蛋白质分解，能够有效保护肾脏。

中医学认为

味甘，性寒，归心、胃经。

清热解毒　消暑

利水

适于暑热烦渴，水肿，泻利，丹毒，痈肿。

营养成分表（每100克含量）

热量（千卡）	316	镁（毫克）	125
碳水化合物（克）	62	钾（毫克）	787
钙（毫克）	81	磷（毫克）	337

 良方妙方

中暑

绿豆120克煮烂，捣成泥状，加入30克红糖调匀吃下，或饮绿豆汤。

食物中毒

绿豆30克，甘草15克，食盐（炒焦）12克。水煎，稍温徐徐饮服，重患者可灌服。

绿豆奶酪

主 料

绿豆……40克　　琼脂……10克
鲜奶……1袋　　　白糖……适量

做 法

1　绿豆淘洗干净，放入高压锅中煮熟，琼脂用热水浸泡。

2　鲜奶倒入锅中煮沸，加入白糖煮至溶化。

3　另取锅倒入少许水煮沸，放入琼脂煮至溶化，将其倒入煮沸的奶中，小火煮3分钟后倒入玻璃碗中晾凉，待其凝固，上面撒上熟绿豆即可。

绿豆汤

主 料

绿豆……100克
冰糖……适量

做 法

1　将绿豆洗净备用。

2　锅放清水烧开，然后放入绿豆，用大火烧煮，煮至汤水将收干时，添加滚开水，煮至绿豆开花酥烂，加入冰糖即可。

豌豆

豌豆又称雪豆、寒豆、麦豆，为豆科一年生草本植物豌豆的种子。在中国各地均有栽培。用于做菜肴、煮粥、煮饭，磨面粉做粉丝、豌豆黄糕点等，豆苗是豌豆萌发出2～4片子叶的幼苗，鲜嫩清香，最适宜做汤。

保健功效

豌豆中富含人体所需的各种营养物质，尤其是含有优质蛋白质，可以提高人体的抗病能力和康复能力。豌豆与一般蔬菜有所不同，所含的有机酸、赤霉素和植物凝素等物质，具有抗菌消炎、增强新陈代谢的功效。在豌豆荚和豆苗的嫩叶中富含胡萝卜素、维生素C和能分解体内亚硝胺的酶，具有抗癌防癌的作用。豆苗中含有较丰富的膳食纤维，可以防止便秘，还有清肠作用。

中医学认为

味甘，性平，归脾、胃经。

和中下气　通乳利水

解毒

适于消渴，吐逆，泄利腹胀，霍乱转筋。

营养成分表（每100克含量）

热量（千卡）	366	镁（毫克）	146
蛋白质（克）	12.2	锰（毫克）	3.86
碳水化合物（克）	67.8	维生素C（毫克）	14
钙（毫克）	27	胡萝卜素（微克）	220

🫖 良方妙方

脘腹疼痛

豌豆60克，糯米30克，大枣10个。洗净后一同放入锅中加水煮粥，至粥稠米烂为止。

糖尿病

青豌豆250克洗净，加水煎汤，至豆烂即可。适于糖尿病患者经常食用，食用时以淡食为主，不要加盐。

玉米豌豆羹

主 料

豌豆……25克   枸杞子……15克

玉米（鲜）……400克   冰糖……250克

菠萝……25克   淀粉……10克

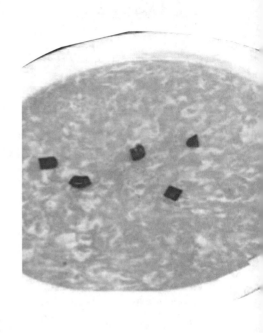

做 法

1 将玉米粒洗净，上锅蒸1小时取出。

2 菠萝切成玉米粒大小的颗粒；枸杞子用
水泡发。

3 烧热锅，加水与冰糖煮溶后放入玉米、
枸杞子、菠萝、豌豆煮熟，用水淀粉勾
芡即可。

豌豆糊

主 料

豌豆……50克
高汤……30克

做 法

1 将豌豆炖烂，并捣碎。

2 碎的豌豆过滤一遍，与高汤和在一起搅
匀开锅即可。

蚕豆

蚕豆又称胡豆，为豆科一二年生草本植物蚕豆的种子。在中国各地均有栽培，以长江以南为胜。用于做菜肴、炒食、油炸开花豆、制作豆瓣酱等。

保健功效

蚕豆蛋白质含量丰富，且不含胆固醇，可以提高食品营养价值，预防心血管疾病。带皮的鲜蚕豆中的维生素 C 可以延缓动脉硬化。蚕豆也是抗癌食品之一，对预防肠癌有作用。

中医学认为

味甘，性平，归脾、胃经。

补中益气　健脾利湿
止血降压　涩精止带

适于中气不足，食欲不振，倦怠疲乏。

营养成分表（每100克含量）

成分	含量	成分	含量
蛋白质（克）	24.6	钙（毫克）	49.0
脂肪（克）	1.1	磷（毫克）	3.39
碳水化合物（克）	49.0	钾（毫克）	992
膳食纤维（克）	10.9	镁（毫克）	113
维生素 B_1（毫克）	0.13	铁（毫克）	2.9
维生素 B_2（毫克）	0.23	锌（毫克）	4.76
胡萝卜素（毫克）	50.0	锰（毫克）	1.0
维生素 C（毫克）	16.0	铜（毫克）	0.64
维生素 E（毫克）	4.9	硒（微克）	4.29

🫕 良方妙方

膈食

蚕豆磨粉，红糖调食。

水肿

蚕豆、冬瓜皮各 100 克。水煎服。

蒜泥蚕豆

主 料

鲜蚕豆……250克

蒜、酱油、盐、醋……各适量

做 法

1 蒜去皮，捣成泥，放入酱油、盐、醋，搅拌成蒜泥调味汁。

2 将蚕豆洗净、去壳，放入凉水锅内，大火煮沸后改用中火煮15分钟至酥而不碎，捞出沥水。

3 将蚕豆放入盘内，浇上蒜泥调味汁，搅拌均匀即可。

焗蚕豆

主 料

鲜嫩蚕豆……300克

干红辣椒、盐、白糖、香油、蚝油……各适量

小葱、小黄姜、大蒜、大葱、鲜花椒……各适量

做 法

1 干红辣椒切碎，小葱切段，大蒜切片，大葱切葱花。

2 将蚕豆洗净、去壳，放入凉水锅内，大火煮沸后改用中火煮15分钟至酥而不碎，捞出过凉沥水，加入蚝油拌匀。

3 锅置火上，加入香油，待油温五成热时加入拌好的蚕豆、辣椒碎、盐、白糖、小葱、小黄姜、大蒜、大葱、鲜花椒开小火慢煎10分钟即可。

黑豆

黑豆又称乌豆、黑料豆，为豆科一年生草本植物黑豆的种子。原产于中国东北，河南等省也有种植。黑豆一直以来都是药食两用的佳品，被称为"肾之谷"，用于煮粥、炒食、制作豆腐、发豆芽、磨黑豆面等。

保健功效

黑豆中蛋白质含量高达36%～40%，含有18种氨基酸，特别是人体必需的8种氨基酸；黑豆还含有不饱和脂肪酸，其含量达80%，人体吸收率可达95%以上，除能满足人体对脂肪的需要外，还有降低血中胆固醇的作用。黑豆中的植物固醇，有抑制人体吸收胆固醇、降低胆固醇在血液中含量的作用。常食黑豆，能软化血管、滋润皮肤、延缓衰老，特别是对高血压、心脏病等患者有益。

中医学认为

味甘，性平，归脾、肾经。

滋养止汗　解表清热

利尿　活血

适于水肿胀满，风毒脚气，黄疸浮肿。

营养成分表（每100克含量）

热量（千卡）	381	镁（毫克）	243
蛋白质（克）	36	钾（毫克）	1377
钙（毫克）	224	磷（毫克）	500

良方妙方

慢性肾炎

黑豆100克，瘦猪肉500克共炖汤，适当调味服食，每日1剂，分2次服。

肺结核

雪梨2个洗净切片，加水适量，放入30克黑豆，用文火炖烂熟后服食，每日2次，连服15～20天。

黑豆小窝头

主料

黑豆面……200克

玉米面……200克

面粉……50克

牛奶……100毫升

泡打粉……5克

酵母……8克

白糖……30克

做法

1 黑豆面加入玉米面、面粉、白糖、泡打粉、酵母拌匀，加入牛奶和成面团醒发。

2 面团搓成条下剂，制成小窝头生坯上笼蒸10分钟即可。